COURS DE CHIMIE

A L'USAGE

DES ÉCOLES PRIMAIRES SUPÉRIEURES
DES COURS COMPLÉMENTAIRES
ET DES CANDIDATS AU BREVET ÉLÉMENTAIRE

PAR

L. PERSEIL
PROFESSEUR A L'ÉCOLE PRIMAIRE
SUPÉRIEURE DE BOURGES

Mme B. GAUTHIER-ÉCHARD
ANCIENNE ÉLÈVE DE L'ÉCOLE NORMALE
SUPÉRIEURE DE FONTENAY-AUX-ROSES
PROFESSEUR A L'ÉCOLE NORMALE
D'INSTITUTRICES DE BOURGES

Deuxième Année

CINQUIÈME ÉDITION REVUE ET CORRIGÉE

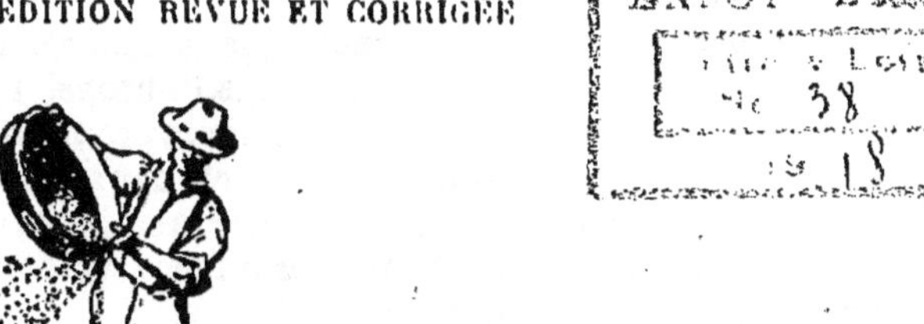

PARIS
LIBRAIRIE CLASSIQUE FERNAND NATHAN
16, RUE DES FOSSÉS-SAINT-JACQUES, 16
(Place du Panthéon, Ve)

1917

PROGRAMME DES ÉCOLES PRIMAIRES SUPÉRIEURES

PERSEIL et GAUTHIER. — **COURS DE PHYSIQUE DES ÉCOLES PRIMAIRES SUPÉRIEURES.**

Première année. 1 vol. in-8°, relié. 1 60
Deuxième année. 1 vol. in-8°, relié. 2 25
Troisième année. 1 vol. in-8°, relié. 2 »
— Les trois années réunies en un beau vol., broché, 3 75; relié. 4 75

A. AMMANN et E. COUTANT. — **COURS D'HISTOIRE DES ÉCOLES PRIMAIRES SUPÉRIEURES.**

— *Première année.* — Histoire de la France depuis le début du XVIe siècle jusqu'en 1789. 1 vol. in-12, relié. 2 50
— *Deuxième année.* — Histoire de la France depuis 1789 jusqu'à la fin du XIXe siècle. 1 vol. in-12, relié. 3 »
— *Troisième année.* — *Le Monde au* XIXe *siècle :* Tableau politique et économique du Monde contemporain. 1 vol. in-12, relié. 3 »
— Cours supérieur et complémentaire. Notions sommaires d'histoire générale et revision de l'histoire de France. 1 vol. in-12, relié. 2 50

G. DODU. — **COURS DE GÉOGRAPHIE.**

— *Première année.* — Principaux aspects du Globe. La France. 1 vol. in-8°, relié. 3 »
— *Deuxième année.* — L'Europe moins la France. 1 vol. in-8°, relié. 3 »
— *Troisième année.* — Le Monde moins l'Europe. 1 vol. in-8°, relié. 3 »
— Cartes d'ensemble pour accompagner la première année. 1 vol. in-8°. 0 80
— Cartes d'ensemble pour accompagner la deuxième année. 1 vol. in-8°. 1 »
— Cartes d'ensemble pour accompagner la troisième année. 1 vol. in-8°. 1 »
— Les Cartes d'ensemble réunies en un seul volume. 2 50

BOURGUEIL. — **COURS DE DROIT.**

— *Deuxième année.* — Instruction civique et droit usuel. 1 vol. in-12, relié. 1 35
— *Troisième année.* — Droit usuel et Économie politique. 1 vol. in-12, relié. 2 »

A. JACQUET et LACLEF. — **COURS DE MATHÉMATIQUES.**

— Arithmétique du Brevet élémentaire. 1 vol. in-12, relié. 2 25
— Solutions raisonnées des Exercices et Problèmes contenus dans l'Arithmétique du Brevet élémentaire. 1 vol. in-12, broché. 3 »
— Cours d'Arithmétique théorique et pratique. 1 vol. br. 2 50; relié. 3 25
— Solutions raisonnées des Exercices et Problèmes contenus dans le Cours d'Arithmétique théorique et pratique. 1 vol. in-12, broché. 3 50
— Cours de Géométrie théorique et pratique. 1 vol. br. 3 fr. ; relié. 3 75
— Cours d'Algèbre élémentaire. 1 vol. br.. 1 50; relié. 2 25
— Compléments d'Arithmétique, de Géométrie, d'Algèbre. 1 vol. br. 3 » relié. 3 75

PRÉFACE

Les nouveaux programmes de chimie pour les écoles primaires supérieures ont accentué le caractère pratique qui se trouvait déjà indiqué dans les anciens; mais ils ont introduit plus d'unité dans l'enseignement en groupant l'étude des différentes matières dans un ordre plus logique.

Toutefois, il y avait deux excès à éviter dans l'élaboration d'un ouvrage de sciences répondant à ces programmes nouveaux.

La préoccupation de rester pratique pouvait conduire à simplifier tellement l'enseignement, qu'on le privait de la rigueur scientifique nécessaire à la formation de jeunes esprits, en le dépouillant de toute valeur éducatrice.

D'autre part, la crainte que le caractère pratique de l'enseignement ne nuisît à la rigueur et à la précision scientifiques pouvait incliner l'auteur à entrer dans des explications théoriques dépassant la portée d'enfants récemment sortis de l'école primaire.

Nous nous sommes efforcés de nous tenir également éloignés de ces deux tendances et d'écrire, dans l'esprit du programme, un ouvrage exempt de toute considération théorique, *fondé sur l'observation et l'expérience*, qui restât à la fois simple et suffisamment complet.

Des sommaires, sous forme de tableaux synoptiques, présentent d'une manière commode l'ensemble des matières de chaque chapitre et facilitent les revisions. On trouvera en outre, à la fin de chaque leçon, l'indication d'un certain nombre d'exercices, d'observations ainsi que des expériences simples, faciles à réaliser à l'aide d'appareils peu compliqués.

Au point de vue matériel, rien n'a été négligé de tout ce qui pouvait ajouter à l'attrait de l'ouvrage et en rendre la lecture facile et agréable : caractères très lisibles, fréquents alinéas, gravures assez nombreuses, le plus souvent schématiques et de dimensions assez grandes pour être aisément comprises.

COURS DE CHIMIE

DEUXIÈME ANNÉE

CHAPITRE I (1)

LOIS DES COMBINAISONS

1. Les lois des combinaisons chimiques sont des lois expérimentales.

Nous avons donné, dans le *Cours de 1re année*, les symboles et les poids atomiques des principaux corps simples étudiés en chimie, et nous avons montré comment, à l'aide de ces notions, on pouvait exprimer par des formules les réactions entre ces corps.

La détermination des poids atomiques repose sur des lois auxquelles sont soumises les combinaisons. Ces lois découlent toutes de l'expérience, et non du raisonnement, et du moment où l'une d'entre elles ne serait plus d'accord avec un des faits de la chimie, *fût-ce un seul*, elle serait abandonnée. Ce sont donc absolument des lois expérimentales.

2. 1° Loi de Lavoisier ou loi de la conservation de la matière.

Faisons brûler une bougie dans un flacon retourné sur une cuve à eau, le tout étant placé sur un plateau de

(1) Pour ce chapitre et le suivant on se reportera fréquemment avec profit au *Cours de 1re année*.

balance et la tare étant faite (*fig.* 1). Tout le temps de la combustion, on constate que la balance reste en équilibre. Donc le poids du corps formé par la combinaison de la bougie avec l'oxygène de l'air est égal à la somme des poids des corps qui se sont combinés.

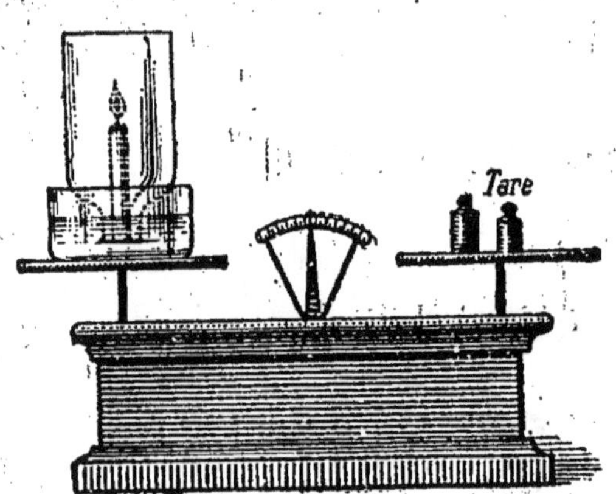

FIG. 1. — Expérience montrant que le poids d'un composé est égal à la somme des poids des composants.

De même 8 grammes d'oxygène se combinant à 1 gramme d'hydrogène donnent 9 grammes d'eau.

1 gramme de soufre et 1 gramme d'oxygène donnent 2 grammes de gaz sulfureux.

Un poids P de chaux se combinant à un poids P′ de gaz carbonique donnent un poids P + P′ de carbonate de calcium, etc.

LOI : *Le poids d'un composé est égal à la somme des poids des composants.* Autrement dit, la matière ne se détruit pas, elle ne fait que se transformer sans se perdre. Aussi énonce-t-on ainsi cette loi : *Rien ne se perd, rien ne se crée dans le monde de la matière*, et elle correspond à la loi générale de la physique : *Rien ne se perd, rien ne se crée dans le monde de l'énergie.*

3. 2° Loi de Proust ou des proportions définies.

Pour former de l'eau 1 gramme d'hydrogène se combine toujours à 8 grammes d'oxygène. Si l'on prend *n* fois plus d'hydrogène, ils se combinent à *n* fois plus d'oxygène. Si l'on emploie 9 grammes d'oxygène pour 1 d'hydrogène, il y a un résidu de 1 gramme d'oxygène. Donc ces deux corps se combinent toujours, quand ils forment de l'eau, *dans les proportions de* 1 *à* 8.

De même pour former du gaz carbonique, il faut toujours pour 32 grammes d'oxygène, 12 grammes de carbone. — Le gaz sulfureux est toujours formé de poids égaux de soufre et d'oxygène, etc.

LOI : *Deux corps qui s'unissent pour former un même composé se combinent toujours dans des proportions* invariables.

4. 3° Loi de Dalton ou des proportions multiples.

Le carbone avec l'oxygène donne deux composés, l'oxyde de carbone et le gaz carbonique ; or, on constate qu'à un même poids de carbone, 12 grammes par exemple, se combinent :

Dans le 1er cas, 16 grammes d'oxygène ;

Dans le 2e cas, 32 grammes ou 2 fois plus d'oxygène.

De même l'hydrogène et l'oxygène donnent, en se combinant, soit de l'eau, soit de l'eau oxygénée. Or, à un même poids d'hydrogène, 1 gramme, se combinent 8 grammes d'oxygène pour faire de l'eau et 16 grammes ou 2 fois plus pour l'eau oxygénée. Les poids d'oxygène qui s'unissent à un même poids d'hydrogène sont donc *dans le rapport simple de* 1 *à* 2.

L'azote et l'oxygène donnent ensemble six composés. Or, *à un* même *poids d'azote*, 14 *grammes, par exemple*, sont combinés pour donner ces divers corps : 8 grammes d'oxygène, 2 fois 8 grammes, 3 fois, 4 fois, 5 fois, 6 fois 8 grammes. Les différents poids d'oxygène unis à un même poids d'azote sont donc entre eux *dans des rapports simples*, comme les nombres 1, 2, 3, 4, 5, 6.

La loi de Dalton résume ainsi toutes les observations analogues :

LOI : *Lorsque deux corps se combinent pour donner plusieurs composés, les poids de l'un qui s'unissent à un même poids de l'autre sont entre eux dans des rapports* simples.

5. 4° Loi de Richter ou des nombres proportionnels.

L'hydrogène se combine à l'oxygène dans le rapport constant de 1 à 8, ou, ce qui est la même chose, de 2 à 16, de 3 à 24, etc., pour former de l'eau.

De même, l'hydrogène et le soufre se combinent dans le rapport de 1 à 16 ou de 2 à 32, ... pour former de l'hydrogène sulfuré. De sorte qu'un même poids d'hydrogène, 1 gramme par exemple, se combine soit à 8 grammes d'oxygène, soit à 16 grammes de soufre.

Or, quand l'oxygène et le soufre se combinent, l'analyse montre que leurs composés renferment toujours un *nombre entier* de fois 8 grammes d'oxygène pour *un nombre entier* de fois 16 grammes de soufre. C'est ainsi que, dans le gaz sulfureux, il existe 2 fois 8 grammes d'oxygène pour 16 grammes de soufre; dans l'anhydride sulfurique, il y a 3 fois 8 grammes d'oxygène pour 1 fois 16 grammes de soufre.

AUTRE EXEMPLE. — Le chlore se combine à l'oxygène, pour donner de l'anhydride hypochloreux, dans les proportions de 8 grammes d'oxygène pour 35gr,5 de chlore. — De même, le chlore se combine à l'azote dans les proportions de $4^{gr}\frac{2}{3}$ d'azote pour 35gr,5 de chlore. Donc à un même poids de chlore, 35gr,5, se combinent des poids déterminés d'oxygène : 8 grammes, et d'azote : $4^{gr}\frac{2}{3}$.

Or, lorsque l'oxygène et l'azote se combinent non plus au chlore, mais entre eux, à un nombre entier de fois 8 grammes d'oxygène se combine un nombre entier de fois $4^{gr}\frac{2}{3}$ d'azote : ainsi, 8 grammes d'oxygène à 3 fois $4^{gr}\frac{2}{3}$ d'azote. Le fait est absolument général, et il est résumé dans la loi suivante.

LOI : *Deux corps* B, C, *s'unissent entre eux suivant des*

multiples entiers *et* généralement simples *des poids de ces corps qui se combinent à un même poids d'un troisième* A.

Il en résulte que le composé d'oxygène et d'azote formé de 8 grammes d'oxygène pour 3 fois $4^{gr}\frac{2}{3}$ d'azote pourra être représenté, — si nous décidons que le symbole O représente 8 grammes d'oxygène et le symbole Az $4^{gr}\frac{2}{3}$ d'azote, par la formule suivante :

$$OAz \times 3,$$

ou encore :

$$OAz^3,$$

ce qui voudra dire que le corps considéré est formé de 1 fois 8 grammes d'oxygène et de 3 fois $4^{gr}\frac{2}{3}$ d'azote.

De même, si nous convenons que H représente 1 gramme d'hydrogène, et S 16 grammes de soufre, nous pourrons écrire de suite :

Pour la formule de l'eau :

$$HO,$$

puisque 1 gramme d'hydrogène se combine à 8 grammes d'oxygène ;

Pour la formule de l'hydrogène sulfuré :

$$HS,$$

puisque 1 gramme d'hydrogène se combine à 16 grammes de soufre ;

Pour la formule du gaz sulfureux :

$$SO^2,$$

puisque 16 grammes de soufre se combinent à 16 grammes d'oxygène, etc.

Autrement dit, si, comme précédemment, nous fixons pour

chaque corps simple un nombre qui soit représenté par un symbole, nous pourrons toujours écrire la formule d'un composé, *après l'avoir analysé*, pour savoir combien de symboles de chaque corps simple entrent dans sa constitution ; et d'après la loi de Richter toutes les formules *renfermeront un nombre* **entier** *de fois les symboles des corps simples*. C'est un premier fait à retenir : jamais nous ne devrons trouver de coefficients fractionnaires dans une formule.

6. Système des nombres proportionnels des corps simples ou poids atomiques.

Il nous reste donc à faire un tableau de tous les corps simples de la chimie avec le poids correspondant à leur symbole, et qu'on appelle leur **nombre proportionnel.** Or, dans les exemples précédents, nous avons pris pour nombre proportionnel du soufre le poids de ce corps qui se combine à 1 gramme d'hydrogène dans l'hydrogène sulfuré ; pour nombre proportionnel de l'azote, le poids de ce corps qui se combine à $35^{gr},5$ de chlore, etc. Nous n'avons donc suivi aucune règle, et nous aurions pu tout aussi bien prendre $S = 32$ ou $Az = 3$ fois $4^{gr}\frac{2}{3}$ ou même obtenir d'autres proportions en considérant des combinaisons avec d'autres corps que l'hydrogène et que le chlore.

7. Conventions.

Il faut donc établir des conventions pour le choix des nombres proportionnels. On décide de prendre l'hydrogène comme *corps A* servant de terme de comparaison, et on convient que

$$H = 1.$$

Pour les autres corps simples, leur nombre proportionnel, qu'on appelle **poids atomique**, est choisi de telle sorte que les formules des composés remplissent les conditions suivantes :

1° *Elles doivent être d'accord non seulement avec leur composition, — ce qui aura nécessairement lieu puisqu'on analyse toujours un corps dont on cherche la formule, — mais aussi* avec leurs propriétés chimiques. *Il en résultera que des corps analogues chimiquement devront avoir une formule analogue ;*

2° *Elles doivent présenter le maximum de simplicité compatible avec la première condition.*

Expliquons-nous par des exemples.

Premier exemple. — L'analyse de l'eau nous montre que 1 gramme d'hydrogène se combine à 8 grammes d'oxygène. Donc la formule la plus simple de l'eau est HO, et O est pris égal à 8. Mais cette formule HO *est incompatible avec ce fait que la moitié de l'hydrogène de l'eau peut être remplacée par du potassium et du sodium* (on sait qu'il se forme de la soude renfermant la moitié de l'hydrogène de l'eau, et que l'autre moitié se dégage (voir *Cours de 1re année*, § 24). Si l'on conserve $O = 8$, il faudrait donc H^2O^2, mais l'oxygène de l'eau n'est jamais remplacé par moitié, et, d'autre part, toutes les formules des composés oxygénés vont devenir plus compliquées qu'il n'est nécessaire ; on y trouvera toujours O^2 ou un multiple de O^2. Le maximum de simplicité compatible avec les propriétés chimiques de l'eau nous indique qu'il vaut mieux prendre $O = 16$. *Nous aurons donc 16 pour poids atomique de l'oxygène*, et la formule de l'eau devient H^2O.

Remarque. — L'hydrogène sulfuré est analogue chimiquement à l'eau ; la formule doit donc être analogue à celle de l'eau, soit H^2S. Or, d'après l'analyse, 1 gramme d'hydrogène y est combiné à 16 grammes de soufre ; et, par suite, 2 grammes d'hydrogène à 32 grammes de soufre ; pour que la formule soit H^2S, il faut donc que $S = 32$. Le *poids atomique du soufre est* 32.

Deuxième exemple. — L'analyse du gaz ammoniac montre que 1 gramme d'hydrogène se combine à $4^{gr}\frac{2}{3}$ d'azote. La formule la plus simple serait donc AzH, et le poids atomique de l'azote serait $4\frac{2}{3}$. Mais cette formule AzH est incompatible avec ce fait que le $\frac{1}{3}$ de l'hydrogène peut être remplacé par du sodium ou du potassium. Donc, si l'on conserve $Az = 4\frac{2}{3}$, il faut tripler la formule Az^3H^3. Or, si l'on transporte ce nombre $4\frac{2}{3}$ dans les formules des autres composés de l'azote, on y trouve partout Az^3 ou un multiple de Az^3. La simplicité compatible avec les propriétés chimiques de l'ammoniaque nous amène donc à prendre :

$$Az = 4\frac{2}{3} \times 3 = 14,$$

et la formule de l'ammoniaque devient AzH^3.

Remarque. — L'hydrogène phosphoré, l'hydrogène arsénié, l'antimoniure d'hydrogène, étant analogues chimiquement à l'ammoniaque, doivent avoir une formule analogue à AzH^3, soit :

PH^3,	AsH^3,	SbH^3.
Hydrogène phosphoré	Hydrogène arsénié	Antimoniure d'hydrogène

Comme pour l'hydrogène sulfuré, on peut en déduire les poids atomiques du phosphore, de l'arsenic, de l'antimoine.

En faisant des raisonnements analogues à propos de chaque corps simple, nous pourrons fixer un tableau de *nombres proportionnels*, conduisant pour les corps composés à des formules qui répondent aux conditions citées plus haut.

C'est ce système qui est adopté actuellement par les chimistes et qu'on désigne sons le nom de système des poids atomiques. Il est d'accord avec tous les faits connus jusqu'ici en chimie. (Voir *Cours de 1re année*, p. 57.)

8. Formules et poids moléculaires des corps composés.

D'après ce qui précède, nous pouvons toujours représenter un corps composé par une formule renfermant des coefficients entiers aussi simples que possible, et permettant d'interpréter les propriétés chimiques de ce corps. Pour établir une de ces formules, il nous suffira d'analyser le composé pour trouver les proportions des symboles des corps simples qui y entrent, puis de choisir, entre toutes les formules possibles, celle qui correspondra aux propriétés chimiques du corps.

Si nous faisons l'addition des nombres représentés par les symboles des corps simples contenus dans une formule, ces nombres étant multipliés par le coefficient correspondant, nous obtenons le poids du composé correspondant à sa formule; c'est ce qu'on appelle le poids moléculaire du corps.

Ainsi la formule de l'eau est H^2O; sachant que $H = 1$ et $O = 16$, le poids moléculaire de l'eau est :

$$2 + 16 = 18.$$

La formule de l'eau oxygénée étant H^2O^2, son poids moléculaire est :

$$2 + 32 = 34.$$

Le poids moléculaire du gaz carbonique, qui a pour formule CO^2, est (sachant que $C = 12$) :

$$12 + (16 \times 2) = 44.$$

L'acide azotique a pour formule AzO^3H; comme $Az = 14$, son poids moléculaire est :

$$14 + (16 \times 3) + 1 = 63.$$

9. Définition du poids atomique et du poids moléculaire.

En résumé ainsi que nous l'avons déjà dit dans le *Cours de 1re année*, § 54, on appelle poids atomique d'un corps simple *le poids de ce corps qui, adopté par les chimistes, permet de représenter ses composés par des formules aussi simples que possible, et correspondant à leurs propriétés chimiques.*

On appelle poids moléculaire d'un corps composé *le poids qui correspond à sa formule, ou, ce qui est la même chose, le nombre que l'on obtient par la règle donnée plus haut* (§ 8).

10. *A.* Propriété des poids atomiques : première loi de Gay-Lussac.

Nous avons dit dans le *Cours de 1re année* (§ 57) que si l'on divise le poids atomique, exprimé en grammes, d'un corps simple gazeux à la température ordinaire, par le poids d'un litre de ce gaz, mesuré à 0° et sous la pression de 76 centimètres cubes de mercure, on trouve invariablement 11lit,16.

Ainsi pour l'oxygène $O = 16$, la densité de ce gaz par rapport à l'air étant 1,1056, on a :

$$\text{poids d'un litre d'air } 1{,}293 \times 1{,}1056$$

et

$$V = \frac{16}{1{,}293 \times 1{,}1056} = 11^{\text{lit}},16.$$

Conséquence. — Si une formule renferme m fois un symbole A et n fois un symbole B d'un corps gazeux, soit A^mB^n, comme A et B correspondent à un même volume 11lit,16, le rapport des *volumes* de ces gaz qui se combinent est aussi $\frac{m}{n}$. Et comme m et n sont *toujours entiers et souvent simples* (*loi de Richter*), le rapport $\frac{m}{n}$ est un rapport simple. C'est ce qu'on énonce dans la 1re loi de Gay-Lussac.

PREMIÈRE LOI DE GAY-LUSSAC : *Les volumes des gaz qui se combinent sont toujours dans un rapport simple.*

Ainsi, 2 volumes d'hydrogène se combinent à 1 volume d'oxygène pour donner de l'eau H^2O. — 1 volume d'hydrogène se combine à 1 volume de chlore pour donner de l'acide chlorhydrique HCl. — 3 volumes d'hydrogène se combinent avec 1 volume d'azote pour donner de l'ammoniaque AzH^3, etc.

B. Propriété des poids moléculaires : deuxième loi de Gay-Lussac.

Nous avons également dit (*Cours de 1re année*, § 58) que, si l'on cherche le volume occupé par le poids moléculaire en grammes d'un composé gazeux ou qui se vaporise sans décomposition, on trouve toujours 22lit,32.

EXEMPLES : *Vapeur d'eau* $H^2O = 18$; densité 0,623.

$$V = \frac{18}{1,293 \times 0,623} = 22^{lit},32.$$

Ammoniac $AzH^3 = 17$; densité 0,59.

$$V = \frac{17}{1,293 \times 0,59} = 22^{lit},32.$$

Acide chlorhydrique $HCl = 36,5$; densité 1,268.

$$V = \frac{36,5}{1,293 \times 1,268} = 22^{lit},32.$$

Conséquence. — 22lit,32 étant juste le double de 11lit,16, on voit que ce volume est dans un rapport simple avec la somme des volumes des corps simples gazeux qui peuvent entrer dans un composé, cette somme étant toujours :

$$11^{lit},16 \times m + 11^{lit},16 \times n.$$

Deuxième loi de Gay-Lussac : *Les volumes des composés gazeux sont dans un rapport simple avec la somme des volumes des composants, s'ils sont gazeux aussi.* Ainsi $22^{lit},32$ de vapeur d'eau sont formés de $22^{lit},32$ d'hydrogène et $11^{lit},16$ d'oxygène ; — $22^{lit},32$ d'acide chlorhydrique sont formés de $11^{lit},16$ d'hydrogène + $11^{lit},16$ de chlore.

CHAPITRE II

VALENCE
RÈGLES DE LA NOMENCLATURE

11. Nouvelles notions sur les acides et les sels.

L'étude déjà faite, en 1re année, de quelques acides va nous permettre de préciser certaines notions relatives à ces corps et aux sels.

Formule des sels. — Les acides, avec les bases, donnent des sels; ainsi l'acide chlorhydrique, HCl, donne avec la potasse le chlorure de potassium, KCl.

Les sels peuvent être parfois obtenus avec l'acide et le métal.

Exemples : les chlorures de fer $FeCl^2$, de zinc $ZnCl^2$ obtenus avec l'acide chlorhydrique et le fer ou le zinc; le sulfate de cuivre SO^4Cu obtenu avec l'acide sulfurique SO^4H^2 et le cuivre.

Dans tous les cas, l'hydrogène de l'acide est remplacé par le métal, totalement ou en partie, de sorte que la formule d'un sel peut être considérée comme *dérivant de celle de l'acide par substitution du métal à l'hydrogène.*

Exemples :

$H.Cl$	donne	$K.Cl$
$2HCl$ ou $H^2.Cl^2$	—	$Fe.Cl^2$
SO^4H^2 ou $SO^4.H.H$	—	$SO^4.KH$ $SO^4.K^2$ $SO^4.Cu$, etc.

12. Sels acides, sels neutres.

On a pu remarquer qu'avec une même base telle que la potasse, certains acides ne donnent qu'un sel, tandis que d'autres en donnent deux. Ainsi, l'acide chlorhydrique donne un seul sel de potassium, tandis que l'acide sulfurique, l'anhydride sulfureux, l'hydrogène sulfuré en donnent deux : l'un, le sel neutre, ne renferme plus d'hydrogène, exemple : SO^4K^2; l'autre, le sel acide renferme autant d'hydrogène que de potassium, et l'hydrogène qu'il renferme est encore remplaçable par un métal ; exemple : SO^4KH. Les acides qui ne donnent qu'un sel sont dits *monoacides*, ou 1 *fois acides*[1] ; les acides qui en donnent deux sont *biacides*, ou 2 fois *acides*. Il existe de même des acides 3, 4 fois acides. Le nombre de fois qu'un corps est acide est indiqué par le nombre de sels qu'il peut donner avec une base telle que la potasse.

Nous appellerons **sels neutres** *tous ceux qui ne renferment plus d'hydrogène remplaçable par un métal;* et **sels acides** *tous ceux qui renferment encore de l'hydrogène remplaçable par un métal.*

13. Valence des corps.

1° Les sels formés par un même acide ne renferment pas tous le même nombre d'atomes de métal ; ainsi

le sulfate neutre de potassium	$SO^4.K^2$ (de SO^4H^2)
le sulfate de fer	SO^4Fe —

de même

le chlorure de potassium	K.Cl (de H.Cl)
le chlorure de zinc	$ZnCl^2$ (de 2H.Cl)
le chlorure d'or	$Au.Cl^3$ (de 3H.Cl)

(1) C'est à tort qu'on emploie souvent les termes monobasique, bibasique... au lieu de monoacide, de biacide, etc., puisqu'on veut désigner par ces mots qu'un acide est 1, 2, ... fois acide et non qu'il est 1, 2, ... fois base.

Autrement dit, 1 atome d'un métal remplace, suivant les cas, 1, 2, 3 atomes d'hydrogène.

On dit que :

Le potassium, dont 1 atome remplace 1 atome d'hydrogène, est **univalent.**

Le fer et le zinc, dont 1 atome remplace 2 atomes d'hydrogène, sont **divalents.**

L'or, dont 1 atome remplace 3 atomes d'hydrogène, est **trivalent.**

Presque tous les métaux sont divalents, sauf le potassium, le sodium, l'argent, qui sont univalents; l'or et le bismuth qui sont trivalents; l'étain et le platine, qui sont **quadrivalents**, c'est-à-dire dont 1 atome peut remplacer 4 atomes d'hydrogène.

2° Quand l'hydrogène se combine au chlore, on constate que 1 atome de chlore se combine à 1 atome d'hydrogène; tandis que, pour faire de l'eau ou de l'hydrogène sulfuré, 1 atome d'oxygène ou de soufre se combine à 2 atomes d'hydrogène ; dans l'ammoniac, il y a 1 atome d'azote combiné à 3 atomes d'hydrogène; et dans le formène ou méthane (§ 154), 1 atome de carbone est combiné à 4 atomes d'hydrogène. On dit, comme précédemment, que le chlore est *univalent*, que l'oxygène et le soufre sont *divalents*, l'azote *trivalent* et le carbone *quadrivalent.*

Quand un corps ne se combine pas à l'hydrogène, on peut fixer sa valence en cherchant le **nombre** d'atomes de chlore, de brome ou d'iode (corps univalents), qui se combinent à 1 atome de ce corps; ainsi le bore est trivalent, parce que 1 atome de ce corps se combine à 3 atomes de chlore.

Remarque. — La valence n'est pas toujours unique pour un même corps ; ainsi, l'azote est *trivalent* dans l'ammoniaque AzH^3 et *pentavalent* dans le chlorure d'ammonium AzH^4Cl; le phosphore est *trivalent* dans le trichlorure PCl^3, et *pentavalent* dans le pentachlorure PCl^5; etc.

14. Règles de la nomenclature parlée.

Dans le *Cours de 1re année*, nous avons appris à connaître un certain nombre de corps composés : *acides sulfhydrique*, *sulfureux*, *sulfurique*, *oxyde de carbone*, etc., sans nous préoccuper de l'origine de ces noms. Mais alors que les choix du nom des corps simples est arbitraire, celui des corps composés est obtenu par l'application de règles, dites règles de la nomenclature parlée. Nous allons voir les principales, en nous bornant aux corps ayant une des fonctions chimiques déjà étudiées :

1° **Hydracides.** — On fait suivre le mot *acide* du nom du métalloïde auquel on ajoute la terminaison *hydrique*. Exemples : *acide chlorhydrique* (chlore et hydrogène), *acide sulfhydrique* (soufre et hydrogène).

2° **Acides oxygénés.** — On ajoute au nom du métalloïde la terminaison *ique*. Si le même métalloïde donne deux acides, le moins oxygéné se termine par *eux*, et le plus oxygéné par *ique*. Exemples : l'*acide sulfureux* est moins oxygéné que l'*acide sulfurique*, l'*acide phosphoreux* l'est moins que l'*acide phosphorique*, etc.

S'il y a plus de deux acides pour le même métalloïde, on emploie les préfixes : *hypo* qui indique que le composé est moins oxygéné, *per* qui indique qu'il l'est plus. Ainsi : on a par ordre croissant d'oxygénation : acide *hypo*chloreux, acide chlor*eux*, acide *hypo*chlor*ique*, acide chlor*ique*, acide *per*chlor*ique*.

3° **Anhydrides.** — Ils se nomment comme les acides, en mettant simplement « anhydride » au lieu de « acide » : *anhydride chloreux*, *anhydride sulfurique*, etc.

4° **Bases.** — On les nomme en général *hydrates*, et on fait suivre ce mot du nom du métal qui les forme. Ex. : *hydrates de cuivre*, *de fer*, *de zinc*, etc.

Exceptions. — On dit presque toujours *potasse*, *soude*, *chaux*, au lieu de hydrates de potassium, de sodium, de calcium.

5° *Oxydes basiques et neutres.* — On les nomme en général en faisant suivre le mot *oxyde* du nom du métal ou du métalloïde: *oxydes de zinc, de fer, de carbone.* Si un même corps donne plusieurs oxydes, on les différencie par le préfixe *proto* ou par les terminaisons *eux* et *ique :* on dit par exemple *prot*oxyde de fer ou oxyde ferr*eux*, oxyde ferr*ique*, le premier étant le moins oxygéné, et le dernier le plus oxygéné.

6° *Sels des hydracides.* — On change la terminaison *hydrique* de l'acide en *ure*, et on ajoute le nom du métal. Ainsi, l'acide chlor*hydrique* et la potasse donnent le *chlorure de potassium ;* l'acide sulf*hydrique* et le fer donnent le *sulfure de fer.*

7° *Sels des acides oxygénés.* — On change la terminaison *ique* de l'acide en *ate* et la terminaison *eux* en *ite*. Exemple, acide sulfur*ique* et potasse donnent *sulfate de potassium ;* acide phosphor*eux* et soude donnent *phosphite de sodium.*

15. Exercices. — On pourra compléter la leçon par plusieurs exercices dans le genre de ceux-ci : *Quand on dit : hydrate de plomb, oxyde cuivreux, oxyde cuivrique, bromure de potassium, iodure d'argent, hyposulfite de sodium, etc., qu'indiquent ces noms relativement aux corps qu'ils désignent ?*

CHAPITRE III

GÉNÉRALITÉS SUR LES MÉTAUX ET LES ALLIAGES

MÉTAUX USUELS — MÉTAUX PRÉCIEUX

PLAN

Distinction entre métalloïdes et métaux.
Les métaux sont surtout importants par eux-mêmes.

1° Propriétés pratiques des métaux

I Propriétés physiques
- *Densité* très variable.
- *Fusibles, malléables, tenaces, ductiles, durs* à des degrés variables.
- *Bons conducteurs* de la chaleur et de l'électricité.
- S'écrouissent quand on les travaille (sauf plomb et étain).

II Propriétés chimiques
- *Action de l'air :*
  - a) *A la température ordinaire*
    - Métaux qui *s'altèrent très rapidement* (potassium, sodium, calcium). Ne sont donc pas pratiques.
    - Métaux qui *s'altèrent lentement ;* fer, zinc, cuivre, etc. Moyens de préserver les métaux de l'altération.
      - Couche de peinture.
      - Email.
      - Couche d'un métal moins altérable (étain, zinc, nickel).
    - Métaux qui *ne s'altèrent pas :* or, argent, platine.
  - b) *Quand on chauffe*
    - Tous les métaux s'oxydent, sauf l'or, l'argent, le platine.

III Propriétés physiologiques
- Métaux vénéneux ou dont les sels le sont : *zinc, plomb, cuivre.*

2° Métaux usuels, métaux précieux

Métaux usuels, *s'altèrent lentement à l'air :* fer, cuivre, zinc, aluminium, plomb, etc. ;
Métaux précieux, *ne s'altèrent pas à l'air* (sauf le mercure). Ce sont : l'argent, l'or, le platine.

3° Alliages

I Utilité des alliages
- Ont des propriétés différentes de celles des métaux qui les constituent ; peuvent ainsi servir à de nombreux usages.

II Préparation
- On fond ensemble les métaux à allier.

III Propriétés
- Plus fusibles, plus durs, moins ductiles et moins malléables que les métaux alliés.
- Ce sont des combinaisons, non des mélanges.

16. Distinction entre les métaux et les métalloïdes.

Les métaux sont des corps simples doués, quand ils sont polis, d'un éclat particulier appelé éclat métallique. Ils conduisent bien la chaleur et l'électricité. Nous avons vu (*Cours de 1re année*) que le principal caractère des métalloïdes est de donner avec l'oxygène *au moins un oxyde* basique. Nous pouvons ajouter, comme autre différence importante, que *tous* les métalloïdes se combinent avec l'hydrogène et donnent des composés *volatils* (HCl, H^2S, H^2O, AzH^3, CH^4, etc.); au contraire peu de métaux se combinent à l'hydrogène, et les hydrures connus ne sont pas volatils.

La distinction entre métalloïdes et métaux est d'ailleurs tout artificielle, car il arrive assez souvent que des corps rangés parmi les métaux ressemblent beaucoup à des métalloïdes par quelques-unes de leurs propriétés : ainsi l'étain se rapproche du carbone et du silicium ; l'antimoine se rapproche de l'arsenic, etc. Aussi cette distinction, conservée jusqu'à présent parce qu'elle facilite l'étude, dans l'état actuel de nos connaissances, disparaîtra-t-elle certainement quand les propriétés chimiques de tous les métaux seront connues.

Au point de vue des *applications*, il y a une différence sensible entre les métalloïdes et les métaux : tandis que les premiers servent rarement à l'état de corps simples, mais sont presque toujours employés à l'état de composés, les seconds, au contraire, *sont surtout importants par eux-mêmes ;* on les emploie journellement à des milliers d'usages divers. Il suffit de jeter un coup d'œil autour de soi pour se rendre compte qu'il n'est presque aucun objet où n'entre un métal pour une part plus ou moins grande : fer, cuivre, zinc, plomb, étain, etc. Il résulte de ce fait que les propriétés les plus intéressantes des métaux sont, avant tout, leurs propriétés pratiques, c'est-à-dire celles qui permettent de les employer dans la vie courante. Comment se comporte un métal donné sous le choc répété du marteau? Peut-on le travailler, le réduire en lames ou en fils? S'altère-t-il à l'air? etc. Voilà ce qu'il faut avant tout connaître d'un métal, car son importance pratique dépend de ces propriétés diverses.

PROPRIÉTÉS PRATIQUES DES MÉTAUX

17. État.

Tous les métaux sont solides, sauf le mercure, qui est liquide à la température ordinaire. Le mercure n'est donc pas un métal usuel et ne peut être employé qu'à des usages restreints (construction des baromètres, des thermomètres, des manomètres, etc., expériences de laboratoire).

18. Couleur.

La couleur n'est pas, à proprement parler, une propriété pratique, mais elle nous permet de *reconnaître* les divers métaux. Ils sont en général opaques, au moins sous une épaisseur suffisante. La plupart sont blancs ou gris : le plomb est gris bleuâtre; l'étain est blanc d'argent; le zinc est d'un blanc bleuté, etc. Quelques-uns ont une couleur prononcée : le cuivre est rouge, l'or est jaune.

19. Densité.

La densité des métaux est très variable; le potassium et le sodium sont plus légers que l'eau. La densité de l'aluminium est 2,56; celle du cuivre, 8,79; celle de l'or, 19,25; celle du platine, 21,5 (c'est le plus dense de tous les métaux), etc. La connaissance de la densité permet de reconnaître si un métal est pur ou ne l'est pas, et de distinguer deux métaux l'un de l'autre, l'or du cuivre par exemple.

20. Fusion et volatilisation.

Tous les métaux fondent et se volatilisent à des températures plus ou moins élevées. L'étain est le plus fusible de tous les métaux usuels, il fond à 233°; le platine, un des moins fusibles des métaux, ne fond qu'à 1.775°. La volatilité très grande de quelques métaux permet de les purifier par distillation.

21. Conductibilité.

De tous les métaux, c'est l'argent et le cuivre qui conduisent le mieux la chaleur et l'électricité. C'est pourquoi les alambics, les chaudières d'évaporation des sucreries, certains ustensiles de cuisine sont en cuivre. De même, les fils conducteurs des courants électriques sont souvent en cuivre.

22. Dureté.

Un métal est d'autant plus dur qu'il se laisse moins facilement rayer. Le potassium et le sodium sont mous comme de la cire; aussi ne peuvent-ils pas être employés pratiquement. Le plomb se laisse rayer par l'ongle, il est plus mou que l'argent et l'or; ceux-ci sont moins durs que le zinc et le fer. Le manganèse est très dur; il raye l'acier trempé, etc.

23. Ténacité.

Un métal est d'autant plus tenace qu'il offre une plus grande résistance à la rupture. On peut comparer la ténacité des métaux en cherchant le nombre de kilogrammes qu'il faut suspendre à des fils de 1 millimètre carré de section pour en déterminer la rupture. Pour le fer il faut 65 kilogrammes, tandis que pour le plomb il suffit de 2^{kg},8; le plomb est le moins tenace, et le fer l'un des plus tenaces des métaux.

24. Malléabilité.

On dit qu'un métal est malléable quand il peut, sans se déchirer, être transformé en lames minces sous l'action du marteau ou du laminoir. Un métal non malléable est dit *cassant*.

Un *laminoir* se compose de deux rouleaux d'acier, tournant en sens inverse et qu'on peut rapprocher plus ou moins l'un de l'autre (*fig.* 2). On commence par leur donner un écartement un peu moindre que l'épaisseur de la barre à laminer ; après avoir aminci celle-ci à l'une de ses

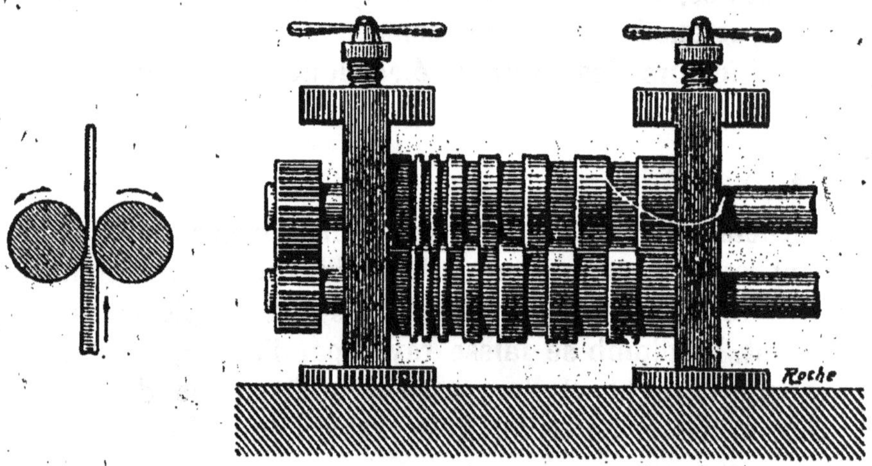

Fig. 2. — Laminoir. A gauche, coupe des deux rouleaux et de la barre à laminer.

extrémités, on l'engage entre les deux cylindres qui l'entraînent dans leur mouvement et l'aplatissent. On peut la faire passer de nouveau après avoir rapproché un peu plus les cylindres. En répétant cette opération plusieurs fois et en employant, s'il y a lieu, plusieurs laminoirs, on obtient des lames de moins en moins épaisses, qu'on appelle des feuilles quand elles sont très minces. On opère aussi par le battage ; avec l'or, par exemple, on peut obtenir des feuilles si minces qu'il en faut 25.000 pour avoir une épaisseur de 1 millimètre. L'argent, l'aluminium, l'étain, le cuivre, sont aussi très malléables ; le bismuth, au contraire, est cassant.

25. Ductilité.

On dit qu'un métal est ductile quand on peut facilement l'étirer en fils. On emploie, à cet effet, la *filière*, plaque d'acier percée de trous coniques, de diamètres différents (*fig.* 3). En forçant la barre métallique à passer à travers des trous de plus en plus fins, elle s'amincit de plus en plus, et l'on obtient ainsi des fils de la grosseur voulue. On fabrique de cette façon les fils de fer, de laiton, les cordes métalliques pour pianos, les fils d'or et d'argent pour galons, etc.

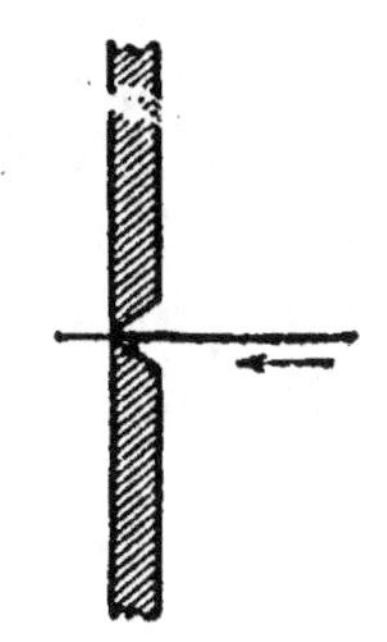

Fig. 3. — Filière. En haut, coupe faite dans un trou ; en bas, plaque vue de dessus.

Les *métaux malléables* sont seuls *ductiles;* mais la ductilité dépend aussi de la *ténacité* (les métaux, en passant dans la filière, subissent en effet une traction assez forte).

Ainsi le plomb et l'étain, bien que très malléables, sont peu ductiles parce qu'ils sont peu tenaces. On obtient des fils de plomb par le procédé suivant : on comprime le métal à l'aide d'une presse hydraulique dans un cylindre d'acier chauffé par des foyers latéraux *f*, *f'*, qui maintiennent le plomb à l'état de fusion (*fig.* 4). A la partie supérieure du cylindre se trouve une ouverture circulaire du diamètre du fil qu'on veut obtenir ; le plomb fondu, fortement comprimé, sort par cette ouverture et se solidifie à l'air. On emploie un procédé analogue pour faire les tuyaux de plomb.

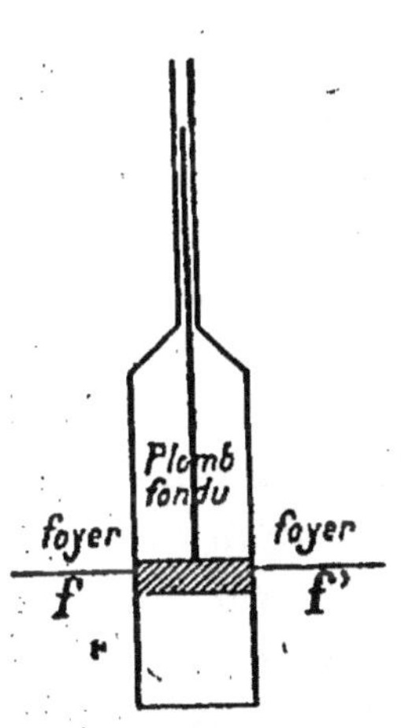

Fig. 4. — Appareil servant à fabriquer des tuyaux de plomb.

26. Écrouissage.

Souvent, un métal, après avoir été passé plusieurs fois au laminoir ou à la filière, devient cassant et ne peut plus être travaillé; même phénomène se produit sous l'action de chocs répétés, comme par exemple des coups de marteau. On dit que le métal **s'écrouit**. Pour lui rendre ses propriétés primitives, il faut le recuire, c'est-à-dire le chauffer au rouge, puis le laisser refroidir *lentement*. Tous les métaux s'écrouissent, sauf le plomb et l'étain.

27. Propriétés chimiques ayant une importance pratique.

Action de l'air. — Elle est très importante à considérer, car les métaux sont sans cesse au contact de l'air. — Nous envisagerons deux cas, suivant que le métal reste à la température ordinaire, ou qu'il est chauffé.

1° A la température ordinaire. — Le potassium, le sodium, le calcium s'altèrent rapidement à l'air parce qu'ils décomposent la *vapeur d'eau* et se transforment en une base : potasse, soude, chaux, baryte; aussi n'ont-ils pas d'usages pratiques; nous avons vu d'ailleurs que le potassium et le sodium sont beaucoup trop mous pour pouvoir être utilisés.

Tous les autres métaux s'altèrent lentement à l'air, sauf l'argent, l'or et le platine. Le fer, par exemple, se recouvre à l'air d'une couche de rouille (hydrate ferrique); le zinc, le cuivre, le plomb, se ternissent à leur surface en se transformant en hydrocarbonate, etc.

Souvent l'altération n'est que superficielle; comme cela arrive pour le zinc, le cuivre, le plomb, l'aluminium, parce que le corps produit forme à la surface du métal une couche *imperméable*. Il n'en est pas de même avec le fer : la rouille étant poreuse ne protège pas suffisamment le métal, qui, par l'action prolongée de l'air, se transforme lentement, mais **complètement** en rouille.

L'altération de tous ces métaux par l'air est, au point de vue chimique, assez complexe ; il nous suffira de savoir que non seulement l'oxygène, mais aussi la vapeur d'eau et le gaz carbonique de l'air concourent à cette altération.

MOYENS DE PRÉSERVER LES MÉTAUX DE L'OXYDATION. — Comme le fer a beaucoup de qualités pratiques, il sert à de nombreux usages. Aussi a-t-on cherché de tous temps les moyens d'empêcher son altération à l'air.

Les grilles servant de clôtures, les serrures, les espagnolettes des fenêtres et un grand nombre d'objets en fer sont recouverts d'une couche de peinture qui les empêche de se rouiller. C'est dans ce but aussi qu'on recouvre d'émail certains ustensiles de ménage en fer battu ou en fonte.

Enfin, dans beaucoup de cas, on recouvre le fer d'un métal moins altérable, comme l'*étain* (fer-blanc), le *zinc* (fer galvanisé), le *nickel* (fer nickelé).

Pour fabriquer le *fer-blanc*, on emploie des lames de tôle qu'on décape soigneusement en les plongeant dans un bain d'eau acidulée ; cette eau dissout l'oxyde formé à la surface du métal. Puis, après avoir poli la lame en la frottant avec du sable, on la plonge dans un bain de suif pour la sécher, et ensuite dans un bain d'étain fondu recouvert lui-même de suif qui empêche l'oxydation. Au bout d'une heure et demie environ, la feuille de tôle est étamée.

Le fer-blanc a un inconvénient : quand l'étain est enlevé en un endroit, le fer mis à nu, s'oxyde beaucoup plus vite que s'il n'était pas étamé, et l'étain, au lieu de protéger le fer, favorise alors son altération ; il se forme probablement un couple voltaïque, dans lequel le fer joue le rôle de pôle négatif et sur lequel se porte, par suite, l'oxygène.

Le fer galvanisé est beaucoup mieux protégé, car, même si le zinc disparaît en un endroit, le fer reste inaltéré ; il se forme aussi un couple voltaïque, mais c'est le zinc qui est l'élément oxydable.

2° Action de l'air lorsqu'on chauffe le métal. — Tous les métaux, sauf l'or et le platine, s'oxydent lorsqu'on les chauffe à l'air. Le magnésium s'enflamme ; aussi ne pourrait-on pas l'employer pour fabriquer des objets devant aller au feu. Le cuivre se recouvre d'une couche d'oxyde d'abord rouge, puis noire; c'est pourquoi le feu ternit les ustensiles de cuisine et les chaudières de cuivre.

28. Classification des métaux.

On a essayé diverses classifications des métaux ; mais aucune n'est absolument satisfaisante. Nous nous contenterons de savoir que l'on groupe toujours le potassium, le sodium et quelques autres métaux (lithium, etc.) dans la même famille, celle des **métaux alcalins**, et que le calcium, le baryum et le strontium forment le groupe des **métaux alcalino-terreux.**

MÉTAUX USUELS, MÉTAUX PRÉCIEUX

29. Cette étude sommaire des propriétés des métaux suffit à nous faire comprendre que tous n'ont pas la même importance pratique :

1° Les métaux alcalins et alcalino-terreux, trop mous et trop altérables, n'ont aucune utilité pratique ;

2° D'autres, comme le fer, le cuivre, le zinc, le plomb, l'étain s'altèrent lentement à l'air, mais ils ont tant d'autres qualités pratiques qu'on les emploie malgré ce défaut à une foule d'usages. Ils constituent les **métaux usuels** ;

3° Enfin, l'or, l'argent, le platine, ne *s'altèrent pas à l'air, quelle que soit la température ;* ils sont inoxydables. On les appelle pour cette raison **métaux nobles** ou **métaux précieux** ; leur valeur est due à leur inaltérabilité et aussi à leur rareté. Le mercure, rare aussi, est classé dans les métaux précieux, bien qu'il s'altère superficiellement à l'air.

Il est bien évident que les usages d'un métal varient avec ses propriétés. De tous les métaux, le fer est le plus employé, car il réunit un grand nombre de qualités pratiques : il est ductile, malléable, très tenace ; il peut, à l'état pâteux, prendre toutes les formes sous le marteau et se souder à lui-même.

Presque tous les usages des métaux précieux viennent de ce qu'ils sont à la fois inaltérables, ductiles et malléables (bijoux d'or ou d'argent) ; le platine, ne fondant qu'à 1.775°, sert à faire des creusets, des capsules pour les réactions ayant lieu à des températures élevées.

ALLIAGES

30. Utilité des alliages.

Les métaux usuels ou précieux ne répondent pas toujours à toutes les conditions qu'exige un usage donné : ainsi, l'or et l'argent, bien qu'ils soient ductiles, malléables et inaltérables, ne pourraient être employés purs pour la fabrication des monnaies, parce qu'ils sont trop mous. Pour faire les caractères d'imprimerie, aucun métal isolé ne convient parce qu'il faut un corps à la fois facilement fusible, assez dur sans être cassant, capable de prendre nettement l'empreinte des moules ; or, aucun métal pur ne réunit toutes ces conditions.

Mais on peut unir entre eux plusieurs métaux, et obtenir ainsi des alliages, dont les propriétés pratiques sont différentes de celles des métaux constituants. Ainsi, en modifiant, soit la nature des métaux qui entrent dans un alliage, soit les proportions de ces métaux, on peut obtenir des corps ayant les propriétés désirées. Exemples : l'antimoine est trop cassant, le plomb trop mou pour faire des caractères d'imprimerie ; mais l'alliage de 4 parties de plomb et 1 partie d'antimoine, à la fois assez fusible et assez dur sans être cassant, donne de bons résultats. L'or et l'argent sont trop mous pour la fabrication des monnaies et des bijoux; unis à une petite quantité de cuivre, ils acquièrent assez de dureté pour cet usage, etc.

Les alliages ne sont donc pas autre chose, industriellement parlant, que de nouveaux métaux dont le nombre est pour ainsi dire illimité, et dont les propriétés sont extrêmement variées. On conçoit, d'après cela, que les alliages comptent parmi les corps les plus utiles.

31. Préparation.

Pour obtenir un alliage, on fond ensemble les métaux qu'on veut allier, en ayant soin de les recouvrir de poussière de charbon pour empêcher leur oxydation. Si l'un des métaux est volatil, on ne l'ajoute qu'au moment où les autres sont déjà fondus. Nous donnerons par la suite, à propos de l'étude des principaux métaux, la composition des alliages les plus employés.

32. Propriétés.

Les alliages ont l'aspect métallique ; ils sont, en général, plus fusibles que le moins fusible des métaux qui les constituent, plus durs, moins ductiles, moins malléables, moins tenaces que ces métaux. Souvent aussi ils sont moins oxydables que les métaux constituants ; cependant, lorsque les oxydes de deux métaux peuvent former entre eux une combinaison, l'altération de leur alliage à l'air est plus rapide que celle des métaux isolés.

La chaleur décompose les alliages qui contiennent un métal volatil ; il en est ainsi pour les alliages renfermant du mercure (*amalgames*) ; cette propriété est appliquée dans la préparation de l'or et de l'argent, pour extraire le métal des matières étrangères auxquelles il est mélangé ; le mercure forme avec ces métaux un amalgame liquide facile à séparer des autres matières solides; on chauffe ensuite l'alliage obtenu, le mercure se volatilise et le métal est isolé (§ 133 et 140).

Dans un alliage, les métaux peuvent exister en toutes proportions, comme s'il s'agissait d'un simple mélange. Cependant les alliages sont, en réalité, de véritables combinaisons, en proportions définies, dissoutes ordinairement dans un excès de l'un des métaux comme le prouve le phénomène suivant appelé liquation.

Lorsqu'un alliage est fondu, si on le laisse refroidir lentement, on constate, à l'aide d'un thermomètre, que la température s'abaisse d'abord d'une façon continue; puis elle reste stationnaire quelques instants, et, pendant tout ce temps, une partie du liquide se solidifie en donnant un composé bien défini et cristallisé. Si on enlève ce composé et qu'on laisse encore refroidir le liquide, le même phénomène peut se produire plusieurs fois et, en dernier lieu, c'est l'excès de métal dans lequel étaient dissous ces alliages qui se solidifie.

Conséquences pratiques. — Toutes les fois qu'on veut obtenir en grande masse un alliage homogène, il faut, pour éviter la liquation, refroidir brusquement l'alliage fondu, ou le comprimer pendant son refroidissement. Le phénomène de la liquation est utilisé en métallurgie pour retirer l'argent des plombs argentifères (§ 103).

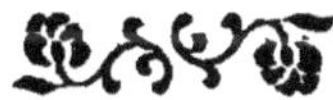

CHAPITRE IV

POTASSE ET SELS DE POTASSIUM

PLAN

1° COMPOSÉS NATURELS

Chlorure de potassium. — Azotate ou salpêtre. — Sulfate.

De tous les composés du potassium, c'est le **chlorure** le plus important.

2° COMPOSÉS DU POTASSIUM FABRIQUÉS INDUSTRIELLEMENT

a) *Potasse caustique*

I Propriétés	Très *soluble* dans l'eau. *Base* très énergique.
II Usages	Savons mous. Pierre à cautères.
III Préparation	Mêmes procédés que pour la préparation de la soude caustique.

b) *Carbonate de potassium (potasse du commerce)*

I Divers procédés de préparation	*Procédé Leblanc.* *Incinération des plantes terrestres.* *Suint des laines.* *Vinasses de betteraves.*
II Propriétés et Usages	Verres, savons mous. Nettoyages des parquets, des murs, des tissus.

c) *Potassium*

Mêmes propriétés et mêmes usages que le sodium. Beaucoup moins employé que le sodium.

33. Le potassium K existe dans la nature sous forme de sels divers : *chlorure*, *azotate* (déjà étudiés), *sulfate*. Les plantes renferment aussi des sels de potassium qui, par calcination, se transforment en carbonate de potassium.

De tous ces composés, le chlorure de potassium est le plus important, car il sert à préparer la plus grande partie des sels de potassium utilisés dans l'industrie : *sulfate* et par suite *carbonate*, *azotate* et *chlorate*. Il sert aussi à préparer la potasse caustique et le potassium. Enfin, il est employé directement comme engrais potassique, en particulier dans la culture de la betterave à sucre.

POTASSE CAUSTIQUE : KOH

34. Propriétés.

La *potasse caustique* ou *hydrate de potassium*, qu'il ne faut pas confondre avec la potasse du commerce ou carbonate de potassium, est un corps solide, blanc, ayant les mêmes propriétés que la soude caustique (1re *année*, § 24). En particulier, c'est une base très énergique. A l'air, elle se liquéfie comme la soude en absorbant de la vapeur d'eau et du gaz carbonique; mais le carbonate de potassium formé étant déliquescent, la masse reste liquide, tandis qu'avec la soude nous avons vu la masse redevenir solide après s'être liquéfiée.

35. Usages.

La potasse caustique, à l'état de dissolution (*lessives de potasse*), sert à fabriquer les savons mous. Sa causticité la fait employer en médecine sous le nom de *pierre à cautères* pour ronger les chairs. Elle est employée fréquemment dans les laboratoires pour précipiter les bases insolubles.

36. Préparation.

La potasse caustique se prépare de la même façon que la soude caustique, mais on emploie le chlorure de potassium au lieu du chlorure de sodium. Elle est coulée, soit en plaquettes, soit en bâtons (pierre à cautères).

SULFATE DE POTASSIUM : SO^4K^2

37. Le sulfate de potassium s'extrait des *cendres de varechs*, des *vinasses de betteraves*, et des *mines de Stassfurt*. On en prépare aussi une certaine quantité en décomposant le *chlorure de potassium* par l'acide sulfurique dans des appareils analogues à ceux qui servent pour la fabrication du sulfate de sodium (1re *année*, § 134).

C'est un corps cristallisé, blanc, soluble dans l'eau, surtout à chaud. Il est employé en agriculture comme engrais potassique, et dans l'industrie pour la fabrication de l'alun de potassium. Mais il sert surtout à la préparation du *carbonate de potassium*.

CARBONATE DE POTASSIUM : CO^3K^2

38. Préparation.

Le carbonate de potassium est le plus souvent désigné sous le nom de *carbonate de potasse*, *potasse du commerce*, ou simplement *potasse*. On le prépare dans l'industrie par plusieurs procédés :

1° *Procédé Leblanc.* — On peut obtenir du carbonate de potassium par un procédé identique au procédé Leblanc de préparation du carbonate de sodium (§ 42), c'est-à-dire en calcinant du sulfate de potassium avec de la craie et du charbon. Mais, le plus souvent on prépare la potasse du commerce en l'extrayant de ses sources naturelles.

2° *Incinération des plantes terrestres.* — Lorsqu'on fait brûler des végétaux terrestres à l'air (*incinération*), on obtient un résidu grisâtre appelé *cendres*, contenant une grande proportion de carbonate de potassium, avec un peu de chlorure, de sulfate, et diverses matières insolubles. — Trois ou quatre lessivages à l'eau isolent ces matières des sels solubles que l'eau entraîne. Si après avoir concentré la dissolution on la calcine, on obtient une masse solide appelée *salin*, dont on extrait le carbonate. Pour cela, on dissout le salin dans une petite quantité d'eau froide ; le carbonate de potassium se dissout presque seul ; on décante la liqueur, on la fait évaporer, et l'on obtient ainsi la potasse du commerce.

Remarque. — Pour lessiver le linge, on emploie quelquefois des *cendres*, au lieu de cristaux ou de carbonate de potassium, car les cendres des végétaux renferment du carbonate de potasse.

3° *Potasse de suint.* — La laine des moutons est imprégnée de *suint* qui renferme une grande proportion de carbonate de potasse ; il suffit de lessiver la laine avec une petite quantité d'eau et de concentrer la dissolution jusqu'à siccité, pour obtenir de la potasse presque pure, n'ayant pas besoin de subir de raffinage.

4° *Extraction des vinasses de betteraves.* — Les mélasses de betteraves soumises à la fermentation, et distillées pour en extraire l'alcool (voir *Cours de 3e année*), laissent un résidu appelé *vinasses* contenant des sels de potassium. Ce résidu liquide, concentré, puis soumis à la distillation, laisse dégager des produits volatils qu'on recueille (ils servent à fabriquer le chlorure de méthyle employé dans l'industrie des matières colorantes) ; il reste dans la cornue un corps noir, poreux, appelé *salin*, dont on extrait le carbonate de potassium par un lessivage méthodique.

39. Propriétés et usages.

Le carbonate de potassium est un sel blanc, anhydre, très *déliquescent*, alors que le carbonate de sodium est efflorescent.

Il est *soluble dans l'eau*, et sa dissolution est alcaline, comme celle du carbonate de soude ; comme ce sel, il est indécomposable par la chaleur.

On emploie de grandes quantités de potasse du commerce dans la fabrication des *verres* fins : verre de Bohême, cristal, verres d'optique ; — dans celle des *savons mous*, dans la préparation de la potasse caustique, de l'eau de Javel, et parfois du chlorate de potassium. Enfin, le carbonate de potasse est souvent employé directement dans le dégraissage des étoffes de laine, dans le blanchiment des toiles, et dans le nettoyage des parquets et des murs (*eau seconde*) ; pour ces applications, on y ajoute généralement de la chaux qui met en liberté la potasse caustique ; celle-ci se combine aux taches de graisse en formant un composé soluble.

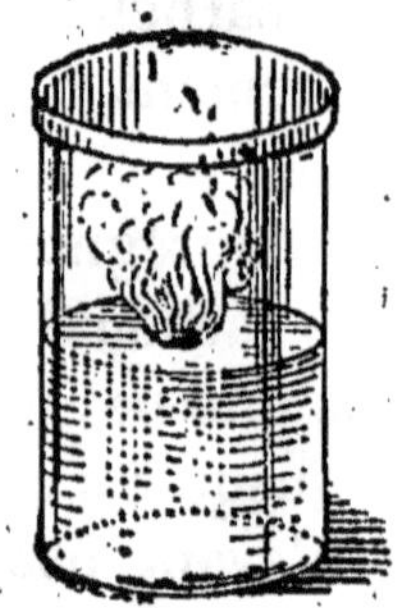

Fig. 5. — Décomposition de l'eau par le potassium.

40. Expériences. — *Composés du potassium.* — Montrer le chlorure, le carbonate, le sulfate, l'azotate de potassium. — Abandonner à l'air du carbonate de potassium et de la potasse caustique pour faire constater la déliquescence. Montrer que la potasse est une base.

Expérience de la décomposition de l'eau par le potassium (1re année, § 24) (*fig.* 26). Si l'on fait l'expérience avec le sodium, l'hydrogène ne s'enflamme pas, à moins qu'on ne maintienne le sodium immobile sur l'eau ; mais alors l'expérience devient dangereuse à faire.

CHAPITRE V

CARBONATE DE SODIUM

PLAN

I Préparation	*Procédé Leblanc*	On transforme le *chlorure de sodium* en *sulfate*, puis le sulfate en carbonate par la craie et le charbon.
	Procédé Solvay	On transforme directement le *chlorure de sodium* en carbonate au moyen du bicarbonate d'ammonium. Ce procédé offre sur le précédent l'avantage d'utiliser tous les produits résiduels.
II Propriétés et usages	Verres, savons durs. Blanchissage et blanchiment.	
Bicarbonate de soude	Est produit industriellement dans la fabrication de la soude par le procédé Solvay. Préparation : courant de CO^2 dans dissolution de carbonate de soude. Est employé en médecine.	

41. Nous avons étudié dans le *Cours de 1re année* deux principaux composés naturels du sodium : le *chlorure de sodium* ou sel de cuisine et l'*azotate de sodium* ou nitrate du Chili, et nous avons vu l'importance de ces deux produits : le premier pour la production du sulfate de soude, de l'acide chlorhydrique, du chlore et des chlorures décolorants, le second comme engrais et pour la préparation de l'acide azotique.

Il est un autre composé de sodium, d'une grande utilité industrielle, comme nous le verrons, le carbonate de sodium, analogue au carbonate de potassium et dont la fabrication a encore le chlorure de sodium pour point de départ.

42. Préparation.

Pendant longtemps le carbonate de sodium ou carbonate de soude (*soude du commerce, cristaux*) a été extrait de plantes croissant sur le bord de la mer dans les contrées méridionales; il constituait les *soudes naturelles*. Actuellement, toute la soude du commerce est obtenue *à partir du* chlorure de sodium, par deux méthodes distinctes :

1° *Procédé Leblanc.* — Ce procédé a été imaginé par un chimiste français, Leblanc, en 1791 ; il a beaucoup servi au moment où la France, en guerre avec l'Europe coalisée, ne pouvait plus se procurer les soudes naturelles d'Espagne. Il consiste à transformer le chlorure de sodium en sulfate, puis le sulfate en carbonate, au moyen de la craie et du charbon. Il y a donc deux opérations successives :

a) **Chauffage du chlorure de sodium avec de l'acide sulfurique concentré** (1re *année*, § 133). — On obtient de l'acide chlorhydrique qui se dégage et du *sulfate de sodium*, soluble dans l'eau, qu'on peut faire cristalliser ;

b) **Chauffage du sulfate de sodium avec de la craie et du charbon.** — Le mélange de ces corps est chauffé dans des fours tour-

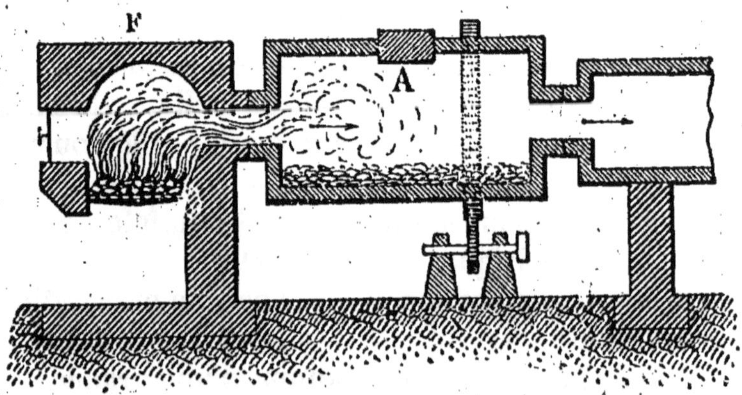

Fig. 6. — Fabrication du carbonate de sodium par le procédé Leblanc. On verse dans le cylindre A le mélange de sulfate de sodium, de craie et de charbon ; F, four dont la flamme chauffe le mélange.

nants où il est brassé mécaniquement (*fig.* 6), le charbon réduit le sulfate de sodium en donnant du sulfure de sodium ; avec du carbonate de calcium ce sulfure donne du sulfure de calcium presque insoluble et du carbonate de sodium soluble :

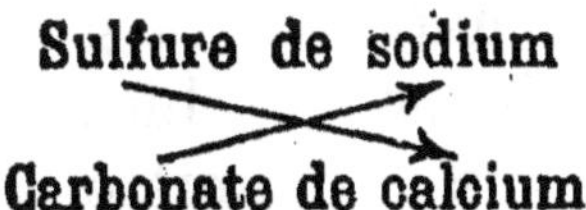

On obtient ainsi la *soude brute*, qui peut être directement utilisée dans la fabrication du verre à bouteilles et des savons, mais elle est le plus souvent purifiée par des lessivages à l'eau, et transformée ainsi en un corps blanc désigné dans le commerce sous le nom de *sel de soude ;* il renferme encore un peu de chlorure et de sulfate de sodium. Pour avoir les *cristaux* de soude, on dissout le sel de soude dans de l'eau chaude et on le fait cristalliser par refroidissement.

2° *Procédé Solvay.* — Actuellement, pour la préparation du carbonate de sodium, on emploie, de plus en plus, le procédé Solvay, dans lequel on transforme directement le chlorure de sodium en carbonate, sans passer par le sulfate. Il suffit de mélanger à une solution saturée à froid de *chlorure de sodium* une dissolution de *bicarbonate d'ammonium* pour qu'une double décomposition se produise, avec formation de *bicarbonate de sodium* presque insoluble :

$$\underset{\text{Chlorure de sodium}}{NaCl} + \underset{\text{Bicarbonate d'ammonium}}{CO^3AzH^4H} = \underset{\text{Chlorure d'ammonium}}{AzH^4Cl} + \underset{\text{Bicarbonate de sodium}}{CO^3NaH}. \quad (1)$$

Le bicarbonate de sodium formé, étant à peu près insoluble dans l'eau, se précipite ; on le sépare de la liqueur par filtration ; on le lave et on le sèche. Puis une légère calcination chasse une partie de son gaz carbonique et le transforme en *carbonate neutre :*

$$\underset{\text{Bicarbonate de sodium}}{2CO^3NaH} = \underset{\text{Gaz carbonique}}{CO^2} + \underset{\text{Eau}}{H^2O} + \underset{\text{Carbonate neutre de sodium}}{CO^3Na^2}. \quad (2)$$

Avantages de ce procédé. — On utilise dans ce procédé tous les produits résiduels.

1° En (1), on obtient du chlorure d'ammonium ; ce corps, chauffé avec de la chaux (1re *année*, § 86) dégage de l'ammoniac qui sert à redonner le bicarbonate d'ammonium, dont on a besoin dans la première réaction ; on retrouve ainsi à $\frac{1}{200}$ près tout l'ammoniac fourni au début de l'opération ;

2° En (2), on obtient du gaz carbonique qui sert, avec l'ammoniac, à refaire une partie du bicarbonate d'ammonium.

D'autre part, pour avoir la chaux dont on a besoin pour préparer l'ammoniac, on décompose des pierres calcaires par la chaleur ; on obtient du même coup assez de gaz carbonique pour faire le reste du bicarbonate d'ammonium.

En définitive, les substances à renouveler sont donc : le **chlorure de sodium**, le **calcaire**, et pratiquement un peu d'ammoniaque. Le procédé Solvay a donc de nombreux avantages; aussi est-il appliqué dans un grand nombre d'usines et tend-il de plus en plus à remplacer le procédé Leblanc. Pour se maintenir, les usines Leblanc ont essayé de se servir aussi des résidus de leur industrie : elles ne se sont pas contentées de vendre l'acide chlorhydrique produit; elles ont aussi extrait le soufre pur du sulfure de calcium qui leur restait comme résidu, et surtout elles ont transformé ce sulfure en hyposulfite de sodium, très employé en photographie. Mais, malgré tous ces efforts, elles ne peuvent que difficilement lutter contre les usines Solvay.

43. Propriétés et usages.

Le carbonate de sodium se présente le plus souvent sous forme de gros *cristaux* incolores et transparents, de formule $CO^3Na^2 + 10H^2O$; à l'air, ils s'effleurissent, c'est-à-dire qu'ils perdent de l'eau, et se transforment peu à peu en une *poudre* blanche, de formule $CO^3Na^2 + H^2O$.

Les cristaux de soude sont beaucoup plus solubles à chaud qu'à froid ; ils présentent un maximum de solubilité à 38°. Le carbonate de sodium est *indécomposable par la chaleur*. Sa dissolution a une réaction fortement alcaline. — Ses usages sont très nombreux. Il sert dans la fabrication du *verre* (verre à bouteilles s'il est à l'état brut, verrerie fine et glaces s'il est raffiné). Il est employé à la fabrication des *savons durs*, de la *soude caustique*, du borax, du bicarbonate de soude, des sulfites et des hyposulfites. — On l'emploie beaucoup à l'état de cristaux, dans le *blanchissage* du linge, dans le blanchiment du coton ; en économie domestique, pour divers nettoyages. Il agit alors par la soude qu'il contient, et qui se combine aux matières grasses en donnant un corps soluble.

Le carbonate de sodium est donc très employé ; la France à elle seule décompose annuellement 100 millions de kilogrammes de sel marin pour la fabrication de ce corps.

BICARBONATE DE SODIUM : CO^3NaH

44. Le **bicarbonate de sodium** ou bicarbonate de soude (*sel de Vichy*) est produit industriellement dans la fabrication de la soude par le procédé Solvay; on peut aussi le préparer en faisant passer un courant de gaz carbonique sur des cristaux de soude concassés. Enfin il existe dans certaines eaux minérales, telles que celles de Vichy, de Carlsbad.

On trouve ce corps dans le commerce sous forme d'une poudre blanche, très peu soluble dans l'eau froide, plus soluble dans l'eau chaude. On l'emploie en *médecine* pour faciliter la digestion, soit à l'état de poudre, soit sous forme d'eau de Vichy ou de pastilles de Vichy qui sont à base de bicarbonate de soude.

45. Expériences. — Montrer les principaux sels de sodium : chlorure, carbonate, sulfate, azotate. Verser de l'acide sulfurique sur du chlorure de sodium, pour faire voir qu'il y a décomposition du sel. Abandonner à l'air des cristaux de soude ; ils s'effleurissent. Même expérience avec de la soude caustique : elle se liquéfie, puis peu à peu redevient solide si on la laisse assez longtemps à l'air.

CHAPITRE VI

CHAUX, CIMENTS ET MORTIERS PLÂTRE

PLAN

Composés du calcium employés dans les constructions { Carbonate ou calcaire. Chaux. Sulfate (pierre à plâtre).

Carbonate et sulfate existent à l'état naturel. — C'est avec le carbonate qu'on prépare la chaux.

Chaux ou *oxyde de calcium*

I Préparation	Décomposition du carbonate de calcium par la chaleur.	
	Deux sortes de fours à chaux	Fours intermittents. Fours continus, plus perfectionnés.
II Propriétés	*a)* Action de l'eau	*Chaux éteinte*, soluble dans l'eau. Lait de chaux. Eau de chaux.
	b) La dissolution est basique.	
III Usages	Principal usage	Fabrication des mortiers. Emploi des ciments dans les constructions.

Mortiers et ciments

1° DIVERSES VARIÉTÉS DE CHAUX

1. *Chaux aériennes* (font prise avec l'eau, *à l'air*)	*Chaux grasse* Propriété :	Foisonne au contact de l'eau ; pâte liante. Provient de calcaires purs.
	Chaux maigre Propriété :	Foisonne peu avec l'eau ; pâte peu liante. Provient de calcaires impurs.
2. *Chaux hydrauliques* (font prise avec l'eau, *sous l'eau*)	Proviennent de calcaires renfermant 10 à 30 0/0 d'*argile*.	
3. *Ciments* (font prise avec l'eau, *à l'air et sous l'eau*)	Proviennent de calcaires renfermant 30 à 60 0/0 d'*argile*.	

2° MORTIERS

I Composition	Chaux, sable et eau.
II Diverses sortes	Mortiers ordinaires faits avec des chaux aériennes : durcissent à l'air grâce à la chaux. Mortiers hydrauliques faits avec des chaux hydrauliques : durcissent sous l'eau, grâce à l'*argile*.

3° CIMENTS

(Employés pour revêtir les murs des maisons à l'extérieur, pour faire des dallages, etc.)

Sulfate de calcium

I État naturel	Gypse ou pierre à plâtre (sulfate hydraté).
II Propriétés	Chauffé, se transforme en sulfate anhydre : plâtre.

Le sulfate de calcium n'est important que par le *plâtre*.

PLATRE

I Propriétés	Fait prise avec l'eau en augmentant de volume.
II Usages	Emploi dans les *constructions*. Emploi pour le *moulage*. Sert quelquefois d'amendement, en agriculture.
III Préparation	Déshydrater la pierre à plâtre par la chaleur.

46. Le calcium (Ca) n'a aucune utilité par lui-même; mais quelques-uns de ses composés, le carbonate ou calcaire, l'oxyde ou chaux, le sulfate (plâtre), ont d'importantes applications pratiques. Le carbonate et le sulfate existent à l'état naturel; la chaux est fabriquée industriellement.

Nous avons étudié (*Cours de 1re année*, §211) les usages du carbonate de calcium; c'est le plus important de tous ces composés, et c'est lui qui sert à préparer la chaux.

CHAUX : CaO

47. Préparation.

On prépare la chaux dans l'industrie, en *décomposant le* carbonate de calcium *ou pierre à chaux par la* chaleur : le gaz carbonique se dégage et la chaux reste. L'opération se fait dans des fours dits *fours à chaux*, qui ont une marche *intermittente* ou *continue*, suivant les cas.

1° *Fours intermittents.* — Les fours intermittents (*fig.* 7) sont construits en maçonnerie et revêtus intérieurement de briques réfractaires; ils ont quelques mètres de hauteur. Pour les charger, on forme, au-dessus de la grille sur laquelle on allumera du feu, une sorte de voûte avec de gros morceaux de calcaire; puis on achève de remplir le four avec des fragments de moins en moins gros, laissant toujours entre eux des interstices par où se dégageront les gaz. Le four étant ainsi empli, on allume sous la voûte un feu de bois par une porte latérale. Au bout d'une semaine environ, la cuisson est terminée; on décharge le

Fig. 7. — Fabrication de la chaux (four intermittent).

four par une ouverture inférieure, et l'on introduit immédiatement la chaux dans des tonneaux, à l'abri de l'air.

2° *Fours continus.* — Les fours intermittents ont un inconvénient : c'est qu'après chaque cuisson on est obligé d'arrêter le feu, de les laisser refroidir pour les décharger, et les recharger. Aussi les remplace-t-on presque toujours maintenant par les fours continus dits *fours coulants* (*fig.* 8), généralement formés de deux troncs de cône réunis par leur base et chauffés au moyen d'un foyer latéral A.

La flamme et les produits de la combustion provenant de ce foyer pénètrent dans le four par trois ouvertures (*e*) pratiquées dans la paroi et situées dans un même plan horizontal. Ils traversent toute la colonne de pierres calcaires que contient le four, l'échauffent et la transforment peu à peu en chaux; c'est au niveau des ouvertures (*e*) que la

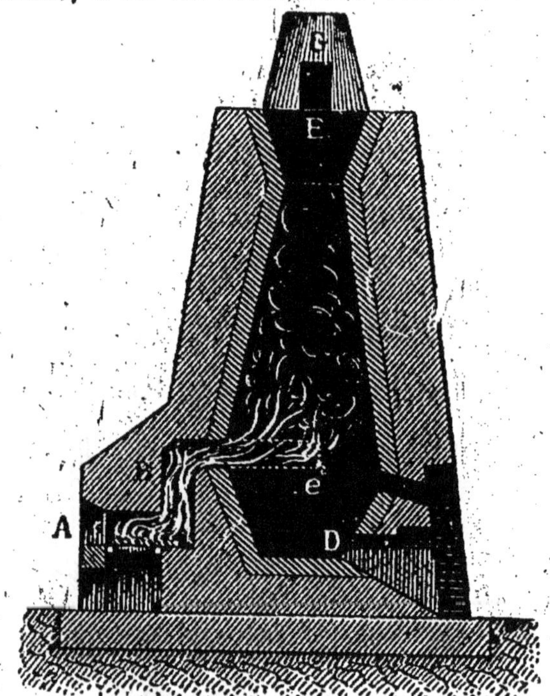

Fig. 8. — Fabrication de la chaux (four continu).

cuisson s'effectue le mieux. Toutes les douze heures, on retire par l'ouverture D la chaux formée et l'on recharge par le haut; la fabrication est donc continue. De plus, la chaux obtenue a subi une cuisson plus régulière que dans les fours intermittents.

48. Propriétés.

La chaux vive ou *oxyde de calcium* est une substance solide, amorphe, blanche, grisâtre parfois, quand elle provient de calcaires impurs. Elle est indécomposable par la chaleur et ne fond que dans le four électrique.

Sa propriété essentielle est de se combiner très facilement à l'eau ; lorsqu'on verse un peu d'eau sur des fragments de chaux vive, l'eau est d'abord absorbée sans autre phénomène apparent; mais bientôt la chaux s'échauffe fortement; une partie de l'eau absorbée est réduite en vapeur (*fig.* 9),

FIG. 9. — Transformation de la chaux vive en chaux éteinte sous l'influence de l'eau.

en même temps la masse se gonfle, se fendille et tombe en poussière ; on obtient ainsi une poudre appelée chaux éteinte, qui est de la chaux vive hydratée ou *hydrate de calcium* $Ca(OH)^2$.

Délayée dans de l'eau, la chaux éteinte forme une bouillie blanche plus ou moins épaisse qu'on appelle lait de chaux. Le lait de chaux, filtré, donne un liquide incolore, limpide, l'eau de chaux, qui est une *dissolution* de chaux éteinte ; 1 litre d'eau dissout à peu près 1 gramme de chaux. Ce corps est donc très peu soluble.

La dissolution de chaux est basique : 1° elle ramène au

bleu le tournesol rougi par un acide ; 2° elle se combine aux acides en donnant des sels de calcium ; c'est ainsi qu'à l'air elle se trouble par la formation de carbonate de calcium insoluble (il y a combinaison de la chaux avec l'anhydride carbonique de l'air) ; de même, la chaux vive, exposée à l'air, s'hydrate, puis se transforme en poussière de carbonate de calcium ; on dit qu'elle se *délite ;* on doit la conserver à l'abri de l'air ; 3° la chaux déplace certaines bases de leurs sels : l'ammoniaque des sels d'ammonium, la potasse de la dissolution étendue et bouillante de carbonate de potassium, etc.

49. Usages.

La chaux sert à préparer la potasse, la soude, l'ammoniaque, le chlorure de chaux; elle est employée aussi comme amendement, mélangée avec de la terre et des débris végétaux ou animaux de toutes sortes. Mais son application la plus importante a pour objet la fabrication des mortiers employés dans les constructions. Pour comprendre cette application, il faut connaître d'abord les diverses variétés de chaux.

MORTIERS ET CIMENTS

50. Diverses variétés de chaux.

Les calcaires employés pour la fabrication de la chaux renferment presque toujours de l'argile, de l'oxyde de fer, du carbonate de magnésium en proportions variables. La chaux renferme donc des matières étrangères, et ses propriétés pratiques varient suivant la proportion d'impuretés qu'elle contient. On peut ainsi diviser les chaux en trois groupes : *chaux ordinaires* ou *aériennes*, *chaux hydrauliques* et *ciments*. Ces trois variétés de chaux sont employées dans les constructions, mais à des usages différents.

1° *Chaux ordinaires ou aériennes.* — Les chaux aériennes

sont employées dans les constructions ordinaires; on les oppose aux chaux hydrauliques, qui servent dans les constructions faites sous l'eau. Elles comprennent les *chaux grasses* et les *chaux maigres*.

La *chaux grasse* dégage beaucoup de chaleur en *s'éteignant* et augmente beaucoup de volume (2 fois à 2 fois et demie) on dit qu'au contact de l'eau elle *foisonne*. Elle est très blanche, douce et onctueuse au toucher et forme avec l'eau une pâte liante. Elle provient de calcaires presque purs.

La *chaux maigre* est grise ou jaune; elle foisonne peu et forme avec l'eau une pâte peu liante. Elle provient de calcaires renfermant un peu de magnésie, d'oxyde de fer et d'argile.

2° *Chaux hydrauliques.* — Les chaux hydrauliques forment avec l'eau une pâte sèche et courte, comme les chaux maigres. Mais elles ont la propriété, que n'ont pas les chaux aériennes, de *faire prise* sous l'eau, c'est ce qui permet leur emploi dans les constructions hydrauliques.

Les chaux hydrauliques proviennent de la calcination d'un calcaire renfermant de 10 à 30 0/0 d'argile. Entre ces limites, 10 et 30 0/0, la chaux est d'autant plus hydraulique, c'est-à-dire durcit d'autant plus vite sous l'eau, qu'elle est plus argileuse : ainsi, la chaux ne renfermant que 10 à 15 0/0 d'argile fait prise sous l'eau au bout de huit jours environ, et au bout de plusieurs mois, elle n'a encore acquis qu'une consistance moyenne; au contraire, la chaux renfermant près de 30 0/0 d'argile durcit au bout de quatre jours et devient très dure après quelques mois.

3° *Ciments.* — Le ciment est une variété de chaux qui, gâchée avec de l'eau, se solidifie *très vite à l'air ou sous l'eau.* Il provient de calcaires très argileux, renfermant de 30 à 60 0/0 d'argile.

51. Mortiers.

Les chaux aériennes et les chaux hydrauliques servent

à la fabrication des mortiers; les ciments sont employés directement.

Les mortiers sont des substances destinées à unir les matériaux de construction; ils sont formés d'un mélange de chaux, de sable et d'eau qui durcit au bout d'un certain temps et soude les pierres entre elles.

Les mortiers ordinaires sont faits avec des chaux aériennes. Ils acquièrent peu à peu une très grande dureté à l'air, car la chaux s'unit au gaz carbonique et se transforme en carbonate ayant la consistance du calcaire ordinaire. Si la chaux était seule, elle subirait en se solidifiant un retrait considérable qui laisserait des vides entre les pierres. Le sable ajouté supprime cet inconvénient; de plus, il détermine une adhérence parfaite entre le calcaire du mortier et les matériaux de construction.

Dans l'eau, les mortiers ordinaires se désagrègent, tout comme les chaux aériennes; on ne peut donc les employer pour les constructions hydrauliques. Dans ce cas, on emploie des mortiers faits avec des chaux hydrauliques. Leur durcissement est dû à l'argile qu'ils renferment. Pendant la calcination du calcaire dans les fours à chaux, l'argile, silicate d'aluminium hydraté, a perdu son eau, de sorte que la chaux hydraulique est un mélange de chaux vive et de silicate *anhydre* d'aluminium. Quand ce mélange est au contact de l'eau, le silicate tend à la fois à s'hydrater et à se combiner à la chaux en donnant un silicate double d'aluminium et de calcium, composé *insoluble et très dur.* La solidification des mortiers hydrauliques a donc une cause toute différente de celle des mortiers ordinaires, et l'on peut facilement faire des chaux hydrauliques artificielles, en mélangeant des chaux ordinaires avec des argiles cuites, ou bien en calcinant un mélange en proportions convenables d'argile et de calcaire.

Le *béton* est formé par un mélange de chaux hydrauliques, de petites pierres et de sable. On l'applique par couches successives sur un terrain humide, pour former un sol imperméable et dur sur lequel on peut ensuite construire. Les piles de ponts reposent toujours sur un sol de béton.

52. Ciments.

Les ciments sont employés pour revêtir les murs des maisons à l'extérieur, pour faire des marches d'escalier, des dallages, etc. On utilise, dans tous ces cas, leur propriété de pouvoir être gâchés avec l'eau en formant une pâte qui se solidifie au bout de quelques instants.

Les ciments naturels sont fabriqués avec des calcaires renfermant de 30 à 60 0/0 d'argile; on trouve beaucoup de ces calcaires en Angleterre, dans divers comtés (ciment de Portland); et, en France, à Vassy (Yonne), à Boulogne-sur-Mer, etc. Mais on fabrique aussi beaucoup de ciments en calcinant un mélange fait *artificiellement* de calcaire et d'argile; suivant la température à laquelle on a porté le mélange, le ciment obtenu se solidifie avec l'eau plus ou moins rapidement.

SULFATE DE CALCIUM : SO^4Ca

53. État naturel.

Le sulfate de calcium existe en grande quantité dans le sol, soit à l'état anhydre, ce qui est rare, soit le plus souvent à l'état hydraté, sous le nom de gypse ou pierre à plâtre, correspondant à la formule $SO^4Ca + 2H^2O$. A cet état, il forme des masses considérables dans le terrain tertiaire des environs de Paris (Montmartre, Belleville) et dans d'autres régions (Vosges), au voisinage du sel gemme.

54. Propriétés.

Le gypse se présente sous des formes variées : il est

parfois cristallisé très nettement, et les cristaux sont groupés sous la forme de lentilles aplaties ou de *fers de lance* (*fig.* 10), dont on peut détacher facilement des lamelles minces incolores et transparentes. Le plus souvent il est en masses compactes, d'un blanc jaunâtre, à texture grenue rappelant celle du sucre (texture *saccharoïde*). Il se laisse facilement rayer par l'*ongle*.

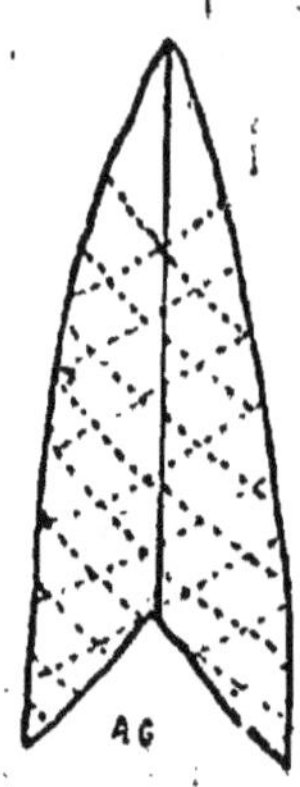

Fig. 10. — Gypse en fer de lance.

Le sulfate de calcium est très peu soluble dans l'eau : 1 litre d'eau en dissout à peu près 2 grammes à la température ordinaire ; les eaux chargées de sulfate de calcium ou *eaux séléniteuses* sont indigestes et impropres au savonnage et à la cuisson des légumes.

Chauffé vers 130°, *le gypse perd ses* 2 *molécules d'eau, devient friable et constitue le* plâtre. Cette substance, réduite en poudre et gâchée avec de l'eau, forme une bouillie liquide qui se prend bientôt en une masse solide, en augmentant de volume ; la solidification est due à ce que le plâtre, reprenant son eau de cristallisation, se transforme en cristaux de sulfate hydraté, enchevêtrés les uns dans les autres. Si la température a été portée au-dessus de 130°, le plâtre formé ne reprend que lentement son eau ou ne la reprend pas du tout.

Le plâtre doit être conservé à l'abri de l'humidité, car à l'air humide il absorbe peu à peu de la vapeur d'eau, et dès lors il ne peut plus *faire prise* avec l'eau : on dit qu'il est *éventé*.

55. Plâtre.

Gâché avec l'eau, le plâtre est employé pour revêtir les murailles, les plafonds, et en général les parties intérieures d'une maison, pour combler les interstices laissés entre les matériaux de construction, pour sceller le fer dans la pierre, etc. Délayé dans une dissolution chaude de colle forte, il forme le *stuc* qui acquiert en séchant une très grande dureté et peut facilement être poli; en ajoutant à la pâte des oxydes colorés variables, on obtient des stucs imitant les marbres et employés dans l'ornementation intérieure des maisons (colonnes, lambris, etc.).

Versée dans un moule ou sur un objet, une médaille par exemple, la bouillie de plâtre et d'eau, se solidifie peu à peu, augmente de volume et remplit exactement tous les creux de l'objet. Le bloc de plâtre, retiré ensuite du moule, en reproduit avec finesse tous les détails. Cette propriété fait employer le plâtre pour la reproduction des médailles, des statues, et pour la confection de moules divers; dans les fabriques de porcelaine, presque tous les objets se font en moulant ou en coulant de la pâte à porcelaine dans un moule de plâtre qui absorbe l'eau de la pâte et la dessèche (§ 126, *b*).

En agriculture, on emploie le plâtre comme *amendement*, surtout pour la culture des légumineuses et en particulier des prairies artificielles.

56. Préparation du plâtre.

On obtient le plâtre en déshydratant par la chaleur les pierres à plâtre. Avec de gros morceaux de pierre à plâtre (*fig.* 11), on construit de petites voûtes sur lesquelles on empile des morceaux de plus en plus petits; puis on allume un feu de bois sous les voûtes; les pierres s'échauffent peu à peu et se déshydratent. Il faut que la calcination soit menée avec soin pour que la température ne dépasse pas 130°; elle est terminée au bout de dix à douze heures. Malgré toutes les précautions prises, il y a toujours des parties du plâtre inégalement cuites : celles qui se sont formées le plus près du foyer le sont de trop, les plus éloignées du feu ne le sont pas assez. Ces variétés de plâtre ne sont bonnes ni l'une ni l'autre, car elles ne font pas prise avec l'eau; mais, pulvérisées avec le reste du plâtre obtenu, elles donnent un mélange qui s'hydrate facilement, sans une trop grande élévation de température;

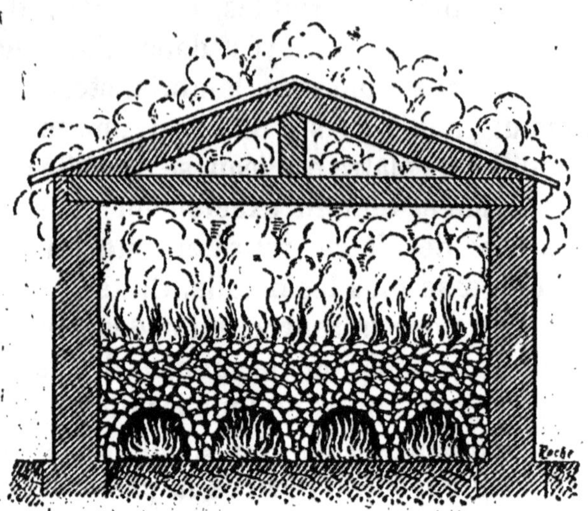

FIG. 11. — Four à plâtre.

c'est ce mélange que l'on emploie toujours. Il existe, pour le plâtre comme pour la *chaux*, des fours à marche continue.

57. Phosphate de calcium.

Rappelons, ici, un autre composé du calcium, le phosphate de calcium, étudié dans le *Cours de 1re année* (§ 179), également très important non seulement par sa valeur comme engrais, mais encore parce qu'il sert à préparer tous les autres composés du phosphore (*superphosphates*, acide phosphorique) et le phosphore lui-même.

58. Expériences. — Verser goutte à goutte, au moyen d'une pipette, de l'eau sur de la chaux vive; chaque goutte est immédiatement absorbée, puis, après quelques minutes, l'eau se vaporise, la masse se fendille et gonfle. — Montrer comment se préparent le lait de chaux, l'eau de chaux. — Verser du tournesol rougi par un acide dans de l'eau de chaux : il devient bleu. —

Laisser un peu d'eau de chaux à l'air : elle se trouble peu à peu. — Triturer un sel ammoniacal avec de la chaux pour faire constater un dégagement d'ammoniac (la chaux déplace donc les bases volatiles). — Faire un mortier, le laisser durcir à l'air.

Plâtre. — Dans une petite quantité d'eau, verser peu à peu du plâtre, en agitant avec une baguette; on forme ainsi une bouillie assez épaisse. En laisser une partie à l'air, pour faire constater la solidification; employer l'autre partie à mouler un objet (médaille, pomme, par exemple). Voir, pour la façon de faire les moulages, le livre *Exercices pratiques de chimie*, par A. Mermet.

Exercice d'observation. — Les élèves pourront avoir à rédiger toutes les observations faites au cours de leurs promenades sur l'emploi de la chaux, du ciment et des mortiers dans la construction d'une maison; sur la façon dont s'y prend l'ouvrier pour faire du mortier, pour gâcher du plâtre, etc.

CHAPITRE VII

VERRES

PLAN

I Propriétés
- Se ramollissent par la chaleur et deviennent plastiques.
- Sont des silicates doubles renfermant un métal alcalin et du calcium ou de plomb.

II Principaux groupes de verres
- *Verres ordinaires*
  - *Verres à vitres.*
  - Verre de Bohême.
  - Crown-glass.
  - Verre à bouteilles.
- *Verres à base de plomb*
  - *Cristal.*
  - Flint-glass.
  - Strass.
  - Email.

III Fabrication du verre
- *Matières premières employées*
  - Sable ou quartz.
  - Carbonate de potassium ou de sodium.
  - Craie ou minium.
- *Préparation de la pâte.*
- *Travail du verre :*
  - Soufflage,
  - Moulage,
  - ou Coulage.
- *Recuit.*
- *Taille et décoration du verre.*

59. L'étude des verres peut se rattacher à celle des métaux puisque ce sont des silicates doubles renfermant un *métal alcalin*, avec du *calcium* ou du *plomb*.

VERRES

60. Propriétés.

Les verres sont des corps transparents, durs et cassants, non cristallisés, ayant une cassure spéciale dite *cassure vitreuse*. Leur propriété essentielle est de se ramollir *progressivement par la* chaleur, *en passant par tous les degrés de l'état pâteux*. On peut, à cet état, les façonner comme de la pâte, les étirer en fils ou en tubes, les mouler, les couler, en un mot leur donner toutes les formes désirées. C'est grâce à cette propriété que les verres peuvent être employés à la fabrication de tant d'objets divers.

Lorsque du verre fondu est refroidi *tout entier brusquement*, il devient très dur, mais aussi très fragile (*verre trempé*). C'est ainsi qu'on peut le frapper rudement sans le casser; mais dès qu'il est cassé en un point, toute la masse se réduit en poudre (larmes bataviques). Ce refroidissement brusque peut s'obtenir en faisant tomber du verre fondu dans l'eau froide. Lorsque du verre ramolli se refroidit à l'air, les parties superficielles se solidifient beaucoup plus vite que l'intérieur; aussi le verre obtenu est-il extrêmement fragile; un choc, une faible variation de température produite par un courant d'air, peuvent suffire à déterminer la rupture d'un verre épais ainsi refroidi; pour éviter cette fragilité, tous les objets de verre, une fois fabriqués, sont recuits, c'est-à-dire réchauffés au rouge sombre dans un four, puis refroidis très lentement et avec régularité par l'abaissement graduel de la température du four.

Les verres sont *mauvais conducteurs de la chaleur*; chauffés en un seul point, ils se fendent. C'est pourquoi les vases de verre se cassent souvent quand on y verse brusquement un liquide chaud, ou quand on les chauffe sur la flamme d'un bec de gaz sans toile métallique (ballons et cornues). On utilise cette propriété pour couper un tube de verre; après avoir fait un petit trait de lime sur le tube, on pose à la suite de ce trait une *goutte de verre fondu* qui détermine en cet endroit une fêlure circulaire du tube.

L'air et l'eau n'attaquent que très lentement le verre, c'est pourquoi ce corps a une grande importance pratique. On peut se rendre compte de l'altération du verre par l'air umide, en examinant les vitres des vieux bâtiments, des vitraux d'églises; ils s'écaillent en minces lamelles irisées, et ont perdu leur transparence : on dit alors que le verre est *dévitrifié.*

Le verre n'est attaqué rapidement que par l'acide *fluorhydrique*, d'où l'emploi de ce corps pour la gravure chimique sur verre.

61. Composition.

Les verres sont des silicates doubles renfermant toujours un métal alcalin; mais leur composition varie suivant les propriétés qu'on veut leur donner. Les silicates alcalins sont très fusibles, solubles dans l'eau ; le silicate de calcium est peu fusible, insoluble dans l'eau, mais il cristallise trop facilement. Le mélange du silicate de calcium à un silicate alcalin donne un bon verre, peu fusible, insoluble dans l'eau et ne cristallisant pas. *Les verres formés d'un silicate alcalin et de silicate de calcium constituent le groupe des* **verres ordinaires.**

Le silicate de plomb, uni à un silicate alcalin, donne un verre plus fusible que les précédents, ayant beaucoup de sonorité et de transparence, et doué d'un pouvoir réfringent qui le fait employer en optique. *Les verres formés d'un silicate alcalin et de silicate de plomb constituent le groupe des* **verres à base de plomb.**

Dans chacun de ces groupes, nous trouvons plusieurs sortes de verres, différant par la nature du métal alcalin, les proportions des corps employés, la pureté des matières premières, et les matières colorantes ajoutées. Ces variations dans la composition produisent des différences dans les propriétés.

62. Verres ordinaires.

Les verres ordinaires comprennent :

1° Le *verre à vitres*, silicate double de sodium et de

calcium; il a une couleur verdâtre. On l'emploie pour faire les vitres et les glaces;

2° Le *verre de Bohême,* renfermant du potassium au lieu de sodium. Il est transparent, parfaitement incolore, léger, peu fusible et peu altérable. On l'emploie pour faire les cornues, les tubes pour laboratoires, les carafes, les verres à boire, etc.;

3° Le *crown-glass,* plus riche en potassium que le verre de Bohême; il est très réfringent, aussi est-il employé pour faire des instruments d'optique ;

4° Le *verre à bouteilles,* fait avec des débris de verre de toute nature et avec des produits impurs; il contient de la magnésie et de l'oxyde de fer qui le colore en vert et le rend très fusible.

63. Verres à base de plomb.

Les verres à base de plomb comprennent :

1° Le *cristal,* silicate de *potassium* et de plomb, préparé avec des produits purs. Il est tout à fait incolore, très transparent, sonore, comme le verre de Bohême mais beaucoup plus dense. On l'emploie pour la verrerie de luxe;

2° Le *flint-glass,* plus riche en plomb que le cristal, plus dense et plus réfringent que les verres ordinaires. On l'emploie pour les instruments d'optique;

3° Le *strass,* encore plus riche en plomb que le flint-glass, le plus dense et le plus réfringent de tous les verres, d'où son emploi pour imiter le diamant;

4° L'*émail,* qui est un cristal rendu opaque par du bioxyde d'étain ou du phosphate de calcium; on le colore souvent par ces oxydes métalliques. Il sert à revêtir un grand nombre d'objets de fer, que l'on veut préserver de l'oxydation.

64. Fabrication du verre.

1° *Matières premières employées.* — Pour fabriquer les

différentes espèces de verre, on mélange des corps qui, à haute tempé ature, réagissent les uns sur les autres en produisant les silicates doubles. Les matières premières employées sont : le *sable* ou le *quartz* pulvérisé, constituant la *silice* qui donnera le silicate ; les carbonates ou sulfates de *potassium* ou de *sodium*, la craie (carbonate

FIG. 12. — Four pour la fabrication du verre.

de *calcium*) ou le minium (oxyde de *plomb*), suivant qu'il s'agit de verres ordinaires ou de verres à base de plomb.

Les verres fins (verres de Bohême, cristal, etc.) sont obtenus avec des matières de premier choix ; le verre à vitres est fait avec du sable ordinaire ; le verre à bouteilles, avec du sable ferrugineux et de la marne, auxquels on ajoute du calcaire, du sulfate de sodium et des débris de verre *de toute sorte*.

2° *Préparation de la pâte.* — Les matières premières sont mélangées avec des débris de verre *semblable à celui qu'on fabrique* et placées sous les arches d'un vaste four circulaire chauffé au bois, à la houille ou à l'oxyde de carbone, parfois même à l'électricité. Elles y subissent une première calcination appelée *fritte*. Puis elles sont introduites dans de grands creusets en terre réfractaire chauffés au rouge vif dans la partie la plus chaude du four (*fig.* 12). La masse fond peu à peu; diverses décompositions et combinaisons se produisent, qui aboutissent à la formation du verre. A la surface de la masse fondue montent des matières solides; elles forment une écume (*fiel du verre*) qu'on enlève avec des cuillers de fer. Si le verre est teinté par de l'oxyde de fer, on y ajoute un peu de bioxyde de manganèse (savon des verriers), pour le décolorer. Au bout de dix heures environ, le mélange est devenu très fluide; on laisse baisser le feu dans les fours pour amener le verre à l'état pâteux, puis on le travaille.

3° *Travail du verre.* — Le verre se façonne par divers procédés : le soufflage, le moulage et le coulage.

a) **Soufflage.** — L'ouvrier cueille une certaine quantité de verre dans le creuset, au moyen d'une canne de fer creuse de 1m,50 de long environ, entourée à sa partie supérieure d'un manchon de bois qui permet de la tenir sans se brûler. En soufflant dans la canne tout en lui imprimant des mouvements convenables, il obtient une boule de verre creuse qu'il façonne ensuite de diverses manières (*fig.* 13). Lorsqu'il a donné à l'objet la forme voulue, il le détache en mettant une goutte d'eau à l'endroit où il veut le séparer et imprime une secousse à la canne; on préparent de cette façon beaucoup d'objets. Pour obtenir les vitres, on fabrique par le soufflage un gros cylindre creux fermé, on le coupe à ses deux extrémités, on le fend

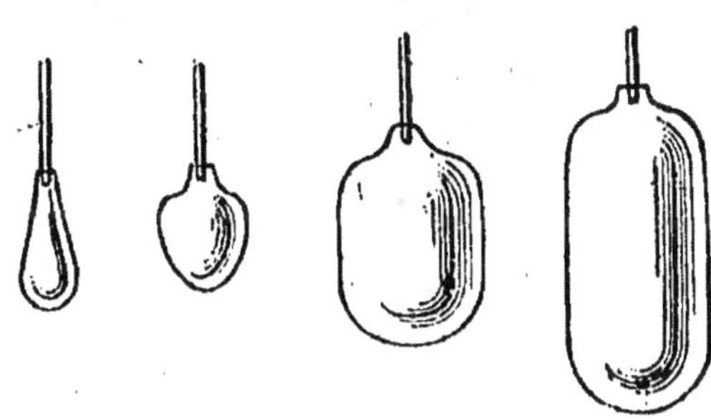

Fig. 13. — Différentes formes que peut prendre le verre par le soufflage.

longitudinalement et on l'étend sur une plaque de fonte chauffée.

b) **Moulage.** — Pour un grand nombre d'objets, on opère par moulage, ou mieux par *soufflage et moulage réunis*. On donne à l'objet, par le soufflage, sa forme grossière, puis on l'introduit dans un moule de l'objet à reproduire et, en soufflant dans la canne, on force le verre à prendre exactement la forme du moule. C'est ainsi qu'on fabrique les bouteilles, les carafes, les flacons, beaucoup de verres à boire, etc. Les vitres cannelées, très employées maintenant, se font aussi de cette façon ; pendant qu'on souffle le verre, on l'introduit dans un moule cylindrique à parois intérieures cannelées, et on continue à souffler jusqu'à ce que le verre ait rempli bien exactement le moule. On termine ensuite comme pour les verres ordinaires.

Soufflage à air comprimé. — Le soufflage du verre étant très pénible pour l'ouvrier, on le remplace souvent par le soufflage à l'air comprimé ; on fait arriver, dans la canne, de l'air provenant de réservoirs en acier où des pompes l'ont comprimé à une pression de quelques kilogrammes.

c) **Coulage.** — Les glaces se font en coulant du verre liquide sur une table de bronze chauffée. Au moyen d'un rouleau de fonte, on étend ensuite le verre en une couche d'une épaisseur régulière.

4° *Recuit.* — Après avoir été façonnés, tous les objets de verre sont recuits, c'est-à-dire chauffés à une température un peu inférieure à celle de leur ramollissement, puis refroidis très lentement.

5° *Taille et décoration du verre.* — On *taille* le verre au moyen de meules en grès sur lesquelles coule sans cesse du sable mouillé ; en même temps qu'il se taille, le verre se dépolit ; on lui rend son poli en le passant sur des meules garnies d'émeri de plus en plus fin, puis sur des meules plus douces de liège couvertes de potée d'étain ou de colcothar (rouge d'Angleterre).

On *grave* le verre, soit en l'attaquant par l'acide fluorhydrique (1re *année*, § 226), soit en faisant tracer le dessin par de fines pointes d'acier ou de silex qui creusent le verre. Le verre dépoli s'obtient au moyen d'un jet de sable lancé sous haute pression contre la surface du verre.

On *peint* sur verre, au moyen de couleurs faites généralement d'oxydes métalliques. Les verres peints doivent être soumis à une nouvelle cuisson.

65. Expériences. — Montrer les différents éléments constitutifs du verre, sable blanc, carbonate de sodium, minium.

Montrer différents échantillons de verre : verre à vitre, verre à bouteille, cristal.

Faire constater la différence des sons produits par un verre à boire en verre ordinaire et un verre en cristal.

Fondre des tubes de verre, faire observer la fusion, souffler une boule de verre.

Montrer divers objets en verre soufflé, travaillé ou moulé, tubes à entonnoir, tubes de sûreté, tubes de Geissler.

S'il existe une verrerie dans la ville ou la région, une visite à cet établissement s'impose.

CHAPITRE VIII

GÉNÉRALITÉS SUR LES OXYDES LES CARBONATES ET LES SULFURES MÉTALLIQUES TRAITEMENT MÉTALLURGIQUE

PLAN

1° Oxydes métalliques

I État naturel	Abondants dans le sol.	
	Principaux oxydes employés comme *minerais*	Oxydes de fer, d'étain, de manganèse, etc.
II Propriétés	Réduction par le charbon ou l'oxyde de carbone	Application à la métallurgie du fer, du zinc, de l'étain, etc.

2° Carbonates métalliques

I État naturel	Les principaux sont le carbonate de fer et le carbonate de cuivre.
II Propriétés	La chaleur les décompose et les transforme en oxyde.

3° Sulfures métalliques

I État naturel	Les principaux sulfures sont les sulfures de zinc, de plomb, de mercure, de cuivre, de fer.
II Propriétés	Ils se transforment en oxyde par un grillage à l'air.

4° Traitement métallurgique

I Des oxydes	Réduction par l'oxyde de carbone. — par le charbon.
II Des carbonates	On les chauffe pour les amener à l'état d'oxyde.
III Des sulfures	On les grille à l'air pour les amener à l'état d'oxyde.

I. — OXYDES

66. État naturel.

Un grand nombre d'oxydes métalliques existent dans le sol, et plusieurs sont employés comme minerais. Les plus importants sont : les oxydes de fer (*oxyde magnétique, ocre rouge, limonite, fer oolithique*); le bioxyde d'étain ou *cassitérite;* le bioxyde de manganèse ou *pyrolusite*, etc. Ils sont parfois hydratés : alumine hydratée ou *bauxite;* limonite, etc. Quelques oxydes naturels sont cristallisés : fer oligiste, cassitérite, alumine cristallisée (*rubis, corindon, saphir, topaze*).

67. Propriétés.

Les oxydes métalliques sont tous solides à la température ordinaire, le plus souvent pulvérulents, ternes, mauvais conducteurs de la chaleur et de l'électricité. Plusieurs sont blancs, comme la chaux, l'oxyde de zinc, la magnésie; les autres sont diversement colorés : l'oxyde ferrique est rouge brique, le minium (oxyde de plomb) est rouge orangé, l'oxyde de cuivre est rouge ou noir, etc.

L'eau ne dissout facilement que les oxydes des métaux alcalins et des métaux alcalino-terreux; il y a en réalité combinaison de l'oxyde avec l'eau et formation d'un hydrate métallique qui est une base; les oxydes de potassium et de sodium s'unissent si facilement à l'eau qu'il est impossible de les garder dans l'air humide, ils se transforment rapidement en potasse et en soude. Tous les autres oxydes sont insolubles dans l'eau, sauf ceux de magnésium, de plomb et d'argent, qui sont légèrement solubles.

Réduction des oxydes par d'autres corps.

Le charbon et l'oxyde de carbone réduisent la plupart des oxydes métalliques (206 et 220, 1er *vol.*). On applique cette propriété dans la métallurgie du fer, du zinc, de l'étain;

dans l'extraction du cuivre, de son sous-oxyde ou de son carbonate, etc.

L'aluminium réduit aussi beaucoup d'oxydes métalliques, cette propriété importante a donné naissance à une nouvelle branche de la métallurgie, l'**aluminothermie**, où l'on prépare quelques métaux, tels que le chrome, le manganèse, en réduisant leur oxyde par l'aluminium ; il suffit d'échauffer suffisamment un point du mélange pour que la réduction se fasse avec un grand dégagement de chaleur et progresse dans toute la masse.

CARBONATES

68. Les principaux carbonates utilisés en métallurgie sont :

1° Le *carbonate de fer* ou *fer spathique* CO^3Fe qui constitue un des meilleurs minerais de fer. On le rencontre en Angleterre et surtout en Allemagne et en Autriche où il est très abondant ;

2° Le *carbonate de cuivre* sous forme de la *malachite* exploité en Sibérie.

La chaleur les décompose en oxyde et gaz carbonique.

SULFURES

69. Les seuls sulfures importants sont les sulfures naturels, parce qu'on les emploie souvent comme minerais. Les principaux sont : les sulfures de zinc ou *blende*, de plomb ou *galène*, de mercure ou *cinabre*, de cuivre ou *pyrite cuivreuse*, etc.

Pour en extraire le métal, on les grille généralement ils se transforment en sulfates, ou en oxydes (zinc, cuivre) ou parfois le métal est isolé (mercure). Le sulfure de fer ou *pyrite* sert à fabriquer le *soufre et surtout l'acide sulfurique*.

EXTRACTION DES MÉTAUX

70. Minerais.

Les métaux existent dans le sol, parfois à l'état libre (*état natif*) : or, cuivre, mercure; le plus souvent en combinaisons appelées *minerais* : ainsi le fer s'y trouve à l'état d'oxyde, de carbonate, de sulfure; le zinc à l'état de sulfure (blende) et de carbonate (calamine); le plomb à l'état de sulfure ou galène; le cuivre existe surtout à l'état de pyrite cuivreuse ou sulfure double de cuivre et de fer, etc.

71. Métallurgie.

Extraire le métal du minerai constitue la métallurgie. Or, le minerai renferme toujours, outre le composé du métal, une quantité plus ou moins grande de matières étrangères qui l'empâtent et constituent la **gangue**. La première partie du traitement métallurgique consiste à séparer le minerai de la gangue : c'est un **traitement mécanique**; nous l'étudierons à propos de la métallurgie du fer (§ 75). Le deuxième traitement est destiné à extraire le métal de son composé : c'est le plus souvent un **traitement chimique**. L'opération varie avec la nature du minerai et celle du métal; on peut dire seulement que, si l'on a affaire à des oxydes, on les réduit généralement par le charbon ou l'oxyde de carbone : c'est ainsi, comme nous le verrons plus loin, qu'on extrait le fer de ses minerais, oxydes divers :

$$FeO + CO = Fe + CO^2 ;$$

si l'on a des sulfures ou des carbonates, on les grille à l'air et, le plus souvent, ils se transforment en oxydes qu'on réduit comme précédemment. Par exemple dans la métallurgie du zinc où le minerai employé est le sulfure de zinc :

$$ZnS + 3O = ZnO + SO^2;$$

puis on réduit l'oxyde de zinc par le charbon :

$$2ZnO + C = 2Zn + CO^2.$$

Dans la pratique, on n'arrive souvent à ce résultat que par des opérations longues et compliquées.

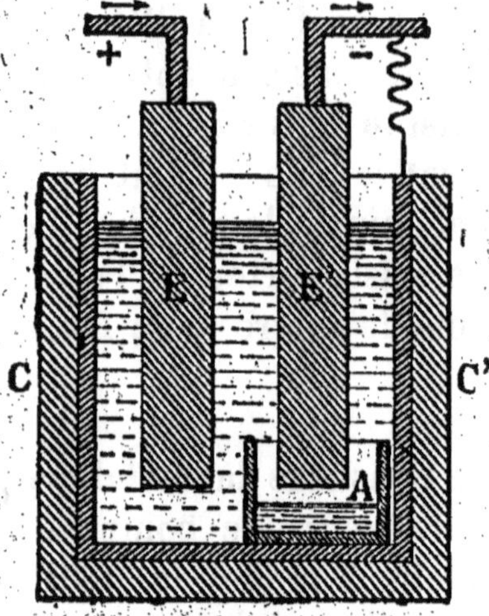

Fig. 14. — Fabrication de l'aluminium par électrolyse.

CC', cuve contenant la cryolithe en fusion; E, électrode positive; E', électrode négative. L'aluminium produit à l'électrode négative est recueilli dans le vase A. Le fluor produit à l'électrode positive est retenu par de l'alumine qu'on ajoute au bain.

Dans quelques cas, on extrait le métal de son composé par l'électrolyse : ainsi, presque tout l'aluminium se fabrique actuellement en électrolysant un de ses composés naturels, l'alumine, ou la cryolithe (fluorure double d'aluminium et de sodium) (*fig.* 14). Le magnésium s'obtient par l'électrolyse de la *carnallite* fondue, composé naturel qui est un chlorure double de magnésium et de potassium.

De même le zinc peut s'obtenir par l'électrolyse d'une solution ammoniacale de sulfate de zinc. Dans d'autres cas on emploie le procédé électrolytique pour purifier un métal brut : exemples, le cuivre, le nickel, le plomb. Supposons en effet qu'on fasse passer un courant électrique dans une dissolution de sulfate de cuivre, en prenant comme électrode positive le cuivre brut à raffiner; il y a transport de *cuivre pur* de l'électrode positive sur la lame de l'électrode négative, et le cuivre est ainsi isolé des autres métaux avec lesquels il était mélangé.

Toutes les fois qu'on le peut, il y a avantage à employer en métallurgie les procédés électrolytiques, en général plus simples et moins dispendieux que les autres.

72. Expériences. — Montrer aux élèves des échantillons des divers métaux; leur apprendre à reconnaître les uns des autres les métaux usuels (fer, zinc, plomb, étain, argent) par la *couleur*, la densité, la dureté et aussi par la fusibilité : chauffer séparément dans des coupelles ou dans des couvercles de boites en fer (boîtes à cirage, par exemple), de l'étain, du plomb, du zinc, du cuivre : l'étain et le plomb fondent très facilement, le zinc plus difficilement, le cuivre ne fond pas. Faire constater que le plomb et l'étain sont mous et flexibles, que l'étain exhale une légère odeur par le frottement (moyen de le reconnaître), que l'aluminium est sonore, ainsi que l'argent et l'or, etc. Montrer des *feuilles* d'or, d'argent, d'aluminium; des *fils* de fer, de cuivre, de nickel, de plomb, etc.

Exercice d'observation et manipulations. — Comme complément de cette leçon, les élèves pourront avoir à observer autour d'eux les métaux usuels, avec leurs propriétés caractéristiques, leurs usages divers; ils chercheront, à mesure qu'ils découvriront un de ces usages, les raisons pour lesquelles tel métal a été employé plutôt que tel autre. Enfin ils pourront collectionner, à mesure que l'occasion s'en présentera, des échantillons de divers métaux, sous des formes diverses, lames, fils, etc. Ces échantillons (réunis sur un carton pour qu'ils ne puissent s'égarer) augmenteront le matériel de l'école.

CHAPITRE IX

FONTE, FER, ACIER

MÉTALLURGIE

Fe = 56

PLAN

A. — Minerais de fer

Oxydes :
- Sesquioxyde anhydre (fer oligiste, ocre rouge, hématite rouge).
- Sesquioxyde hydraté (limonite, fer oolithique, hématite brune).
- Oxyde magnétique.

Carbonate : Fer spathique.

B. — Traitement mécanique

Triage. — Broyage. — Bocardage. — Lavage.

C. — Traitement chimique

I Métallurgie de la fonte (Combinaison de fer et de carbone : 2 à 5 0/0 de carbone)
- *Méthode des hauts fourneaux*
  - Principe : Réduction par le charbon et l'oxyde de carbone à haute température : formation de *fonte* et d'une *scorie* (silicate double d'aluminium et de calcium).
  - Description du haut fourneau.
  - Fonctionnement :
    - Marche ascendante des gaz. — Récupérateurs.
    - Marche descendante des solides.

II Métallurgie du fer
- Principe : Décarburer la fonte.
- Procédé le plus employé : *Puddlage*.

III Métallurgie des aciers (Combinaisons de fer et de carbone : moins de 2 0/0 de carbone)
- 1° Procédés de fabrication de petites quantités d'acier
  - Décarburer partiellement la fonte : *acier puddlé*.
  - Carburer le fer : *acier de cémentation*.
- 2° Procédés de fabrication de grandes masses d'acier
  - *Procédé Bessemer* : on décarbure la fonte, puis on carbure le fer avec une quantité *connue* de charbon. On peut ainsi avoir des aciers de composition déterminée d'avance.
  - *Fours Martin*.

73. Le fer est le plus important de tous les métaux. On l'emploie soit à l'état de fer, soit à l'état de fonte et surtout d'aciers, la fonte et les aciers n'étant pas autre chose que du fer renfermant une petite proportion de carbone.

74. Minerais de fer.

Le fer est très répandu dans la nature ; ses principaux composés naturels sont des *oxydes*, du *sulfure*, du *carbonate*. Le sulfure de fer ou pyrite n'est pas employé comme minerai de fer, car le soufre qu'il contient rend le fer cassant, d'ailleurs ce composé est utilisé pour la préparation de l'acide sulfurique. Les seuls minerais du fer sont donc les *oxydes* et le *carbonate*.

Les oxydes sont très abondants. On distingue :

1° Le *sesquioxyde de fer anhydre* Fe^2O^3, quelquefois cristallisé (*fer oligiste* de l'île d'Elbe et des Vosges), le plus souvent amorphe ; il existe alors en masses compactes et terreuses constituant l'*ocre rouge* et l'*hématite rouge* ;

2° Le *sesquioxyde de fer hydraté*, très abondant en France, dans la Lorraine, l'Aveyron, la Nièvre, le Berry, etc. ; il est connu sous les noms de *limonite*, *fer oolithique*, *hématite brune* ;

3° L'*oxyde magnétique* Fe^3O^4, abondant surtout en Suède et en Norvège ; il est très pur et donne des fers très estimés.

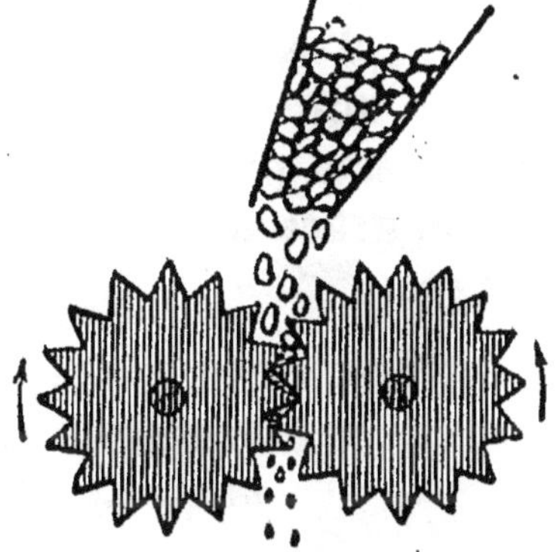

Fig. 15. — Broyage du minerai.

Le carbonate de fer ou *fer spathique* se trouve surtout dans les Pyrénées, à Saint-Étienne, à Anzin, et dans la plupart des mines d'Angleterre, d'Allemagne et d'Autriche.

75. Traitement mécanique du minerai.

Avant de traiter le minerai, il faut le séparer de la plus grande partie de sa gangue. Le procédé employé s'applique à la plupart des métaux; après avoir concassé grossièrement le minerai, on le *trie* à la main pour séparer les morceaux formés de gangue seulement des morceaux composés de gangue et de minerai. Ceux-ci sont *broyés* entre des cylindres cannelés (*fig.* 15), puis *pulvérisés* à l'aide de pilons ou bocards (*fig.* 16). La poudre obtenue est lavée dans des auges inclinées; le courant d'eau entraîne très loin les particules les moins denses, qui sont les matières terreuses, et le minerai plus lourd reste presque sur place; ainsi se produit un dernier triage, grâce à la différence de densité du minerai et de la gangue.

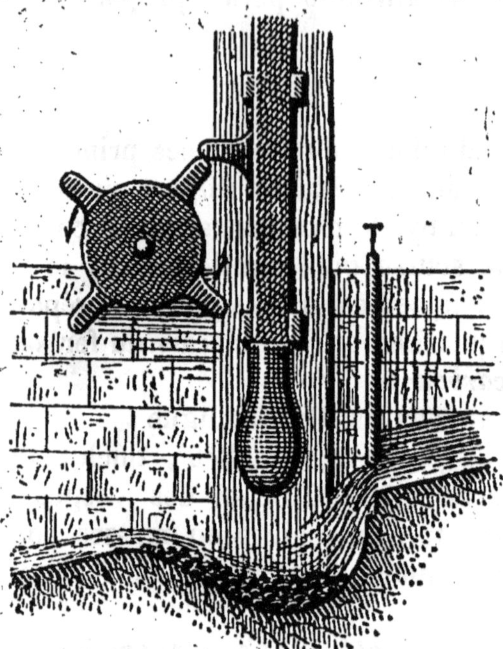

Fig. 16. — Bocardage du minerai.

TRAITEMENT CHIMIQUE DU MINERAI
MÉTALLURGIE DE LA FONTE

76. Principe.

Le carbonate de fer se transformant par la chaleur en oxyde, le traitement du minerai est le même, qu'on ait affaire à un oxyde ou à un carbonate. On *chauffe le minerai au rouge avec du* charbon, *l'oxyde de fer est* réduit *et le fer est mis en liberté.* En théorie, le traitement est donc très simple. Seulement il faut pouvoir agglomérer le fer formé; or il est intimement mélangé à la gangue du minerai, même après le traitement mécanique, et ses particules ne peuvent se réunir que si toute la masse fond; lorsqu'on chauffe jusqu'à la température de fusion du fer (1.500°), une partie du métal se combine, à cette haute température, avec la silice et l'argile infusibles de la gangue, en donnant un silicate double fusible d'aluminium et de fer. On peut isoler le fer non combiné, mais une grande partie (30 0/0) se trouve perdue. Ce procédé n'est donc pas économique; tout au plus peut-on l'employer pour des minerais très riches.

Il faut donc, pour pouvoir agglomérer le fer, trouver un moyen de rendre la gangue fusible, sans que le fer s'y combine. A cet effet, lorsque la gangue est siliceuse, on ajoute au minerai une certaine quantité de carbonate de calcium (*castine*), dont la chaux se combine à l'argile de la gangue en donnant un silicate double d'aluminium et de calcium qui constitue le laitier ou scorie (si la gangue est calcaire, on ajoute de l'argile pour former le même silicate double). Seulement, ce silicate étant moins fusible que le silicate d'aluminium et de fer, il faut élever davantage la température pour le fondre, mais alors le fer se combine au charbon en donnant de la fonte. Cette méthode, appelée **méthode des hauts fourneaux**, est employée partout maintenant; mais, quand on veut obtenir du fer pur, elle doit être suivie d'une seconde opération qui enlève le charbon de la fonte.

77. Méthode des hauts fourneaux.

Un haut fourneau est un appareil dont la hauteur peut varier de 10 à 30 mètres suivant le combustible employé (10 mètres environ avec le charbon de bois, 15 à 30 mètres avec le coke ou la houille). Il se compose de deux troncs de cône réunis par leur grande base (*fig.* 17). Le cône supérieur ou *cuve*, beaucoup plus haut que l'autre, est en briques réfractaires; il se termine en haut par une ouverture appelée *gueulard*, fermée d'un couvercle métallique que l'on ouvre pour charger le haut fourneau. Le cône inférieur ou *étalages* E est en briques plus réfractaires que celles de la cuve. Il est continué à la partie inférieure par un cylindre vertical appelé *ouvrage* O, dans lequel viennent déboucher des tuyères reliées à une forte machine soufflante. Enfin, au-dessous de l'ouvrage, se trouve le *creuset*, dont une des parois est formée par une pierre prismatique, la *dame*, qui se continue à l'extérieur du haut fourneau par un plan incliné; cette pierre laisse, entre la base de l'ouvrage et le creuset, une ouverture *t*. A la base du creuset se trouve un *trou de coulée* qui est bouché par un tampon d'argile pendant l'opération.

Chargement des hauts fourneaux. — Pour mettre le haut fourneau en marche, on le remplit de combustible, qu'on allume et dont on active la combustion au moyen de la machine soufflante. Quand le haut fourneau est suffisamment chauffé, on ajoute, par le gueulard, des charges alternatives de minerai, de fondant et de charbon. A partir de ce moment, le haut fourneau fonctionne de façon continue; de temps en temps on recueille de la fonte par le trou de coulée du creuset, et on recharge par le haut, à mesure que le minerai descend.

Marche ascendante des gaz. — Au niveau des tuyères, le charbon brûle dans un excès d'air en donnant du gaz carbonique; ce gaz, en s'élevant, traverse du charbon incandescent, est partiellement réduit et se transforme en *oxyde de carbone;* puis cet oxyde de carbone traverse le minerai oxydé, le réduit à l'état de fer en reformant du gaz carbonique, et ainsi de suite. Des ouvertures latérales, à la partie supérieure de la cuve, permettent aux gaz de s'échapper; ces gaz sont formés de gaz carbonique, d'azote atmos-

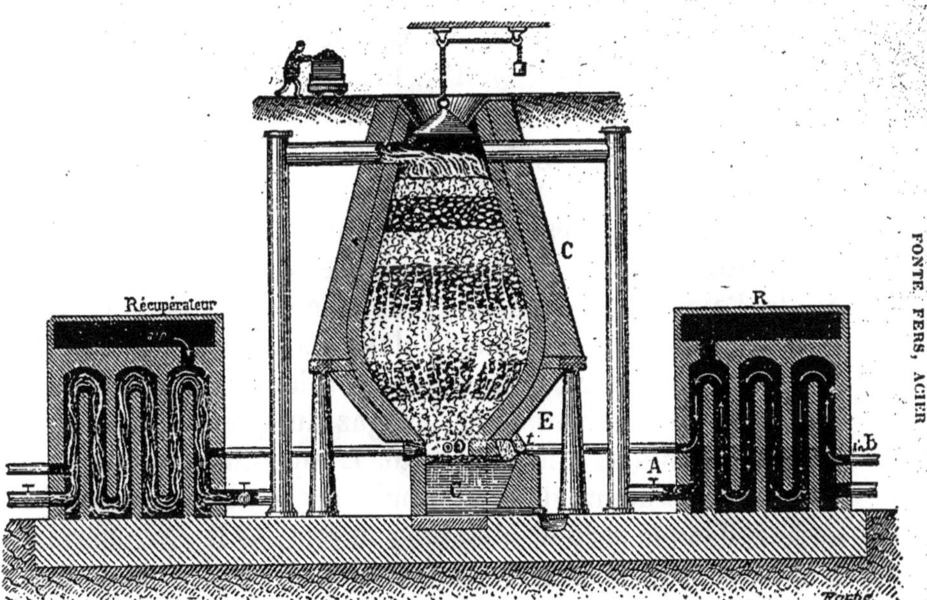

Fig. 17. — Schéma d'un haut fourneau et de récupérateurs : à gauche, le récupérateur marche au gaz ; à droite, il marche au vent.

phérique d'*oxyde de carbone*, et d'*hydrogène* provenant de l'action du charbon sur la vapeur d'eau du minerai; ces gaz sont donc en partie combustibles et de plus ils sont très chauds. Jusqu'à ces dernières années, on les laissait sortir dans l'air, d'où une perte notable de chaleur. Actuellement on les recueille et on les utilise pour échauffer l'air qui sera insufflé ensuite par les tuyères dans le haut fourneau; on réalise ainsi une grande économie de combustible.

Récupérateurs. — Pour se servir de ces gaz combustibles, on les enflamme à l'entrée d'une chambre en maçonnerie divisée à l'intérieur par des cloisons de briques disposées en chicane (*fig.* 17). La flamme provenant de la combustion parcourt successivement tous les compartiments, pour se diriger dans une cheminée d'appel ayant un fort tirage. Quand les cloisons de la chambre sont échauffées, on supprime la communication avec les gaz combustibles, et on fait arriver en sens opposé, de B vers A, de l'air qui s'échauffe graduellement au contact des cloisons et arrive très chaud dans les tuyères. Quand la température des cloisons s'est notablement abaissée, on recommence à faire passer les gaz du gueulard dans les compartiments et ainsi de suite. L'appareil ainsi employé est un récupérateur; dans le premier cas, on dit qu'il marche au gaz, dans le second il marche au vent. — Il y a généralement deux récupérateurs pour un même haut fourneau; l'un marche au gaz pendant que l'autre marche au vent; de cette manière, l'air chaud arrive de façon continue dans les tuyères. (Les gaz des hauts fourneaux ont aussi été employés depuis quelques années pour actionner de puissantes machines à gaz.)

Marche descendante des solides. — Pendant que les gaz s'élèvent dans le haut fourneau, les matières solides descendent peu à peu vers le creuset. Dans la partie supérieure de la cuve, le minerai se déshydrate; dans la partie inférieure où il est plus chauffé, il est réduit par l'oxyde de carbone, tandis que la castine perd son gaz carbonique et se transforme en chaux. Le fer réduit descend dans les étalages avec le fondant, la gangue et le charbon ; là, il se combine au charbon et se transforme en fonte, tandis que la gangue se combine au fondant en donnant le laitier ou scorie. Dans l'ouvrage, les corps formés, fonte et laitier, se liquéfient et tombent dans le creuset, où le laitier, plus léger, reste à la surface. Dès qu'il atteint la partie supérieure de la dame, il s'écoule sur le plan incliné, on l'enlève à mesure qu'il se solidifie ; — quand la fonte emplit le creuset, on débouche le trou de coulée ; elle s'écoule dans des canaux demi-cylindriques creusés sur le sol de l'usine, où elle se solidifie en demi-cylindres appelés *gueuses*.

La fonte peut être employée directement à divers usages. Mais les trois quarts de la production totale sont transformés en fer et surtout en aciers.

MÉTALLURGIE DU FER

78. La fonte renferme de 2 à 5 0/0 de carbone ; pour la transformer en fer, il faut lui enlever ce carbone, en même temps que diverses impuretés (silicium, soufre, phosphore), provenant de la gangue ou du minerai. La transformation de la fonte en fer se fait en chauffant la fonte en fusion dans un fort courant d'air ; le carbone passe à l'état d'oxyde de carbone, le soufre à l'état de gaz sulfureux ; le silicium et le phosphore se transforment en silicate et phosphate de fer très fusibles, qui passent dans les scories.

Le procédé le plus employé est le procédé anglais appelé puddlage ; il s'effectue dans un four à réverbère (*fig.* 18) dont la voûte peut être portée au rouge blanc par la flamme de la houille, qui brûle sur la grille C ; lorsque le four est bien chauffé, on introduit sur la sole la fonte à affiner, avec le quart environ de son poids d'*oxyde des battitures* (ce sont les écailles d'oxyde de fer qui se détachent lorsqu'on martèle du fer au rouge). La fonte ne tarde pas à fondre, et comme elle est en contact, d'une part avec l'air contenu en excès dans les gaz venant du foyer, de l'autre avec l'oxyde des battitures qui, à cette température,

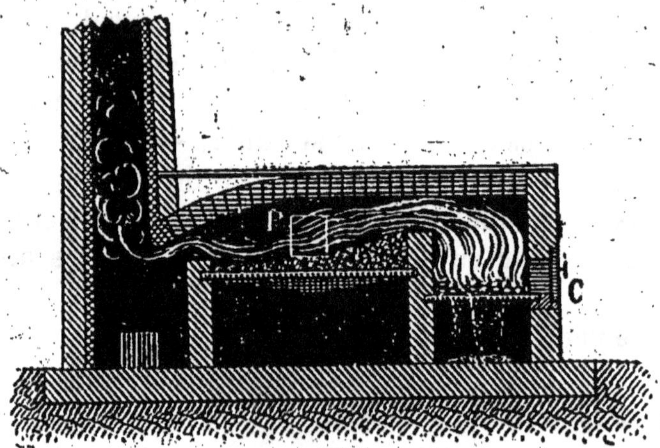

Fig. 18. — Four à puddler.
C, foyer; P, sole sur laquelle est placée la fonte à affiner.

cède facilement son oxygène, le carbone, le silicium, le phosphore et le soufre qu'elle contient sont oxydés. La masse doit être constamment brassée pour que l'oxydation se produise partout; comme le brassage est très pénible pour les ouvriers, on emploie souvent des fours tournants où il se fait mécaniquement (*puddlage mécanique*). Lorsque l'affinage est terminé, on élève la température; on rassemble les masses pâteuses de fer en une masse unique ou *loupe* qu'on retire et qu'on martèle au marteau-pilon pour en extraire les scories et la rendre plus compacte. C'est durant ce martelage que de nombreuses lamelles d'oxyde de fer se détachent, constituant les battitures (les marteaux-pilons, de grosseur variable, peuvent peser jusqu'à 100 tonnes).

Après ce martelage, on donne au fer la forme de lames ou de barres, et on le livre au commerce. Il renferme toujours des traces de silicium et de carbone; le plus pur porte le nom de **fer doux.**

MÉTALLURGIE DES ACIERS

79. On a longtemps désigné sous le nom d'aciers des combinaisons de fer et de carbone dans lesquelles il entre de 1 à 1,5 0/0 de carbone. Par leur composition, ils sont donc intermédiaires entre le fer, qui n'en renferme presque pas, et la fonte qui en renferme de 2 à 5 0/0. Mais actuellement on fabrique aussi un grand nombre d'aciers pouvant contenir de quelques millièmes à 1 0/0 de carbone. L'industrie produit encore les aciers dits **aciers spéciaux**, combinaisons de fer et de carbone dans lesquelles on a introduit intentionnellement un corps qui doit donner à ces aciers des qualités spéciales; ce corps peut être du silicium, du chrome, du tungstène, du nickel, etc. Les aciers spéciaux prennent de jour en jour une extension plus considérable. Les procédés de fabrication sont différents, suivant qu'on produit les aciers en petites quantités ou en grandes masses.

1° FABRICATION DE PETITES QUANTITÉS D'ACIER

80. Dans le premier on emploie des procédés anciens; ils ne s'appliquent d'ailleurs qu'aux aciers ordinaires. Ces derniers étant intermédiaires entre le fer et la fonte, on peut les obtenir par deux moyens : soit en décarburant partiellement la fonte (acier puddlé), soit en carburant du fer (acier de cémentation).

81. Acier puddlé.

On opère dans les fours à puddler ordinaires (§ 78),

et l'on arrête la réaction quand on juge la décarburation suffisante. On obtient ainsi des aciers peu estimés, parce qu'ils ne sont pas homogènes (certaines parties étant plus décarburées que d'autres), et renferment presque toutes les impuretés de la fonte.

82. Acier de cémentation.

Cet acier s'obtient en carburant du fer. Pour cela, on place des barres de *fer* de 1 mètre de long environ dans de grandes caisses en briques réfractaires (*fig.* 19); les couches superposées de barres de fer sont séparées par un cément formé de poussière de *charbon*, de cendres et de sel marin. Les caisses sont ensuite hermétiquement fermées, placées dans un four et maintenues pendant 15 jours à une température un peu inférieure au point de fusion du fer. Le charbon pénètre peu à peu dans le fer et s'y combine en donnant de l'acier. Mais le corps obtenu n'est pas homogène ; les parties superficielles sont très carburées, les parties intérieures le sont moins, et le centre ne l'est souvent pas. Il faut alors marteler ou laminer ensemble plusieurs barres chauffées au rouge blanc, puis les recourber sur elles-mêmes et les travailler ainsi plusieurs fois de suite. Cette opération se faisant à une température voisine du point de fusion du métal, la masse est en quelque sorte

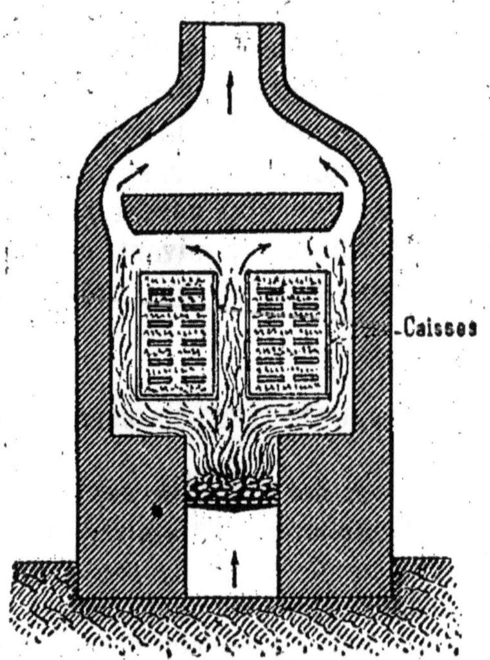

FIG. 19. — Fabrication de l'acier de cémentation.

pétrie et devient plus homogène; c'est le *corroyage*, qui peut s'appliquer aussi à l'acier puddlé.

Parfois on rend l'acier homogène en le fondant dans des creusets (*acier fondu*).

Les aciers de cémentation sont très estimés, ils sont plus purs que les aciers puddlés, car ils proviennent du fer, qui renferme toujours beaucoup moins d'impuretés que la fonte.

2° FABRICATION DE GRANDES MASSES D'ACIER

83. Toutes les fois qu'on veut obtenir de grandes masses d'acier, on emploie le *procédé Bessemer;* il consiste à *affiner complètement la fonte, puis à ajouter la quantité de carbone voulue et, s'il y a lieu, une quantité déterminée du corps qui doit donner à l'acier des qualités spéciales.* On peut ainsi obtenir un acier dont la composition et les propriétés sont déterminées d'avance. Tous les aciers spéciaux sont obtenus par ces procédés.

84. Procédé Bessemer.

La fabrication de l'acier par le procédé Bessemer se fait dans des appareils appelés **convertisseurs** : ce sont de grandes cornues de fonte doublées intérieurement de terre réfractaire (*fig.* 20). Une cornue peut produire en une fois de 3 à 15 tonnes d'acier, et elle a souvent une capacité 5 ou 6 fois plus grande que le volume de la masse à traiter; aussi a-t-elle toujours plusieurs mètres de hauteur ($4^{m},50$ environ pour une cornue traitant 10 tonnes). — Cette cornue est mobile autour d'un axe horizontal passant par son centre; le fond est traversé par plusieurs tuyères où l'on peut faire arriver de l'air comprimé, quelle que soit la position de la cornue autour de son axe.

Première phase de l'opération. — *On affine la fonte par*

l'air. — Après avoir rempli le convertisseur de charbon allumé pour le chauffer au rouge, on le vide, puis on y introduit la fonte *encore en fusion* venant directement du haut fourneau, on redresse la cornue, et on y injecte par les tuyères un fort courant d'air. On voit aussitôt une gerbe d'étincelles sortir par le bec de la cornue, en même temps qu'on entend un bruit sourd très intense; puis des flammes sortent à leur tour, et quand elles disparaissent (au bout de vingt minutes environ), l'opération est terminée. L'air, arrivant par un grand nombre d'orifices dans la cornue, a brassé dans toute son épaisseur la masse en fusion et a oxydé le soufre, le phosphore, une partie du silicium, et en dernier lieu le carbone; la chaleur dégagée par ces combustions a suffi pour maintenir en fusion toute la masse, sans qu'on ait besoin d'un foyer extérieur.

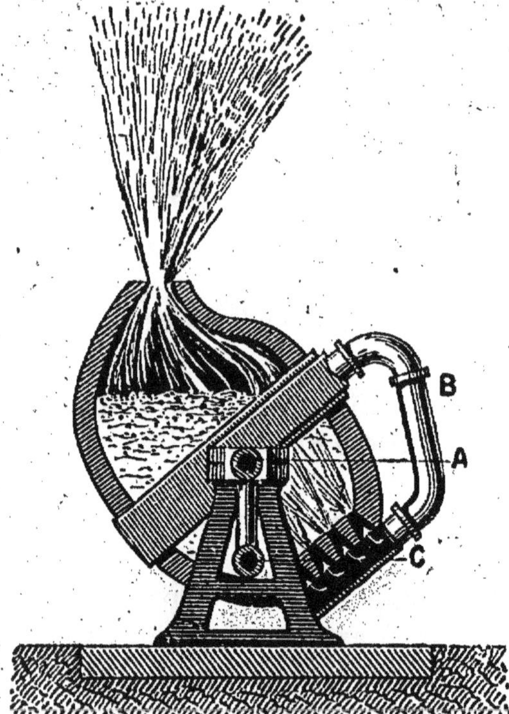

FIG. 20. — Convertisseur Bessemer.
L'air entre par C, passe en A, en B, puis arrive dans le fond de la cornue.

DEUXIÈME PHASE DE L'OPÉRATION : *On carbure le fer pour avoir l'acier.* — Lorsque la décarburation de la fonte est complète, on introduit dans le Bessemer une **fonte au manganèse**, c'est-à-dire un composé de fer, de carbone et de manganèse renfermant une proportion connue de charbon. Cette fonte fournit le carbone nécessaire à la formation de l'acier ; d'autre part, le manganèse se combine au silicium resté dans le fer, et de plus réduit l'oxyde de fer qui a pu se former pendant la première opération. Au bout de quelques minutes, l'acier est produit ; on fait basculer la cornue et couler l'acier fondu dans une grande poche qui permet de le transporter immédiatement aux moules, et de fabriquer les objets sans avoir besoin de le fondre une seconde fois.

La fabrication de l'acier dans le Bessemer est très rapide, puisqu'on peut en obtenir de 3.000 à 15.000 kilogrammes en une demi-heure.

85. Procédé Martin.

Toutes les fois qu'on veut fabriquer de très gros objets, pour lesquels le Bessemer ne donnerait pas assez d'acier en une fois, on emploie le four Martin. C'est un immense four pouvant fabriquer 25 tonnes d'acier en une seule opération ; il fonctionne à peu près comme le Bessemer, mais c'est la sole qui est mobile et peut basculer.

Dans la fabrication des aciers spéciaux, c'est pendant la deuxième phase de l'opération qu'on ajoute les corps destinés à leur donner des qualités particulières.

Bessemer et four Martin basiques. — Les deux procédés précédents ont le grand avantage, outre leur rapidité, de fournir des variétés d'acier très diverses et *pouvant être déterminées d'avance;* l'emploi des fontes au manganèse permet en effet de donner rigoureusement à un acier la composition voulue en fer et en carbone.

Mais, pendant de très longues années, on ne put employer ces procédés pour les minerais renfermant beaucoup de phosphore, parce qu'ils donnaient toujours de l'acier un peu phosphoré et par suite cassant ; c'est ainsi que le centre métallurgique lorrain ne pouvait pas traiter ses minerais de cette façon. — On sait maintenant remédier à cet inconvénient : il suffit de tapisser les cornues ou les fours avec des briques de *dolomie* (carbonate double de magnésium et de calcium), et d'ajouter de temps en temps de la chaux vive; pendant le traitement de la fonte, le phosphore se trouve éliminé à l'état de scories riches en phosphate de calcium; ces scories sont pulvérisées et livrées à l'agriculture sous le nom de *scories de déphosphoration* (1re *année*, § 180). Ces Bessemers et ces fours sont appelés *basiques*, tandis que les Bessemers et les fours tapissés de pierres siliceuses sont dits *acides*.

86. Importance de la métallurgie du fer, de la fonte et de l'acier.

Cette métallurgie est la plus importante de toutes. Pour en donner une idée, il nous suffit de dire que la production mondiale en 1905 a été de :

54 *millions de tonnes environ pour les fers et les fontes;*

Et 44 *millions de tonnes pour les aciers.*

En 1906, elle s'est accrue de plus de 10 millions de tonnes; et elle continue à s'accroître. Les pays qui produisent le plus sont les **États-Unis**, qui fabriquent par an plus de 23 millions de tonnes de fer et de fonte, et plus de 20 millions de tonnes d'acier, puis l'Allemagne (10 millions de tonnes environ de chaque groupe), la Grande-Bretagne et la France (3 millions de tonnes de fer et de fonte, et 2 millions de tonnes d'acier).

Il nous reste à voir quels sont les propriétés pratiques de ces corps et leurs divers usages.

87. Expériences. — Montrer divers échantillons de minerais de fer.

Examiner des morceaux de fonte, de fer et d'acier fraîchement cassés pour se rendre compte de leur texture.

CHAPITRE X

FONTE, FER, ACIER

PROPRIÉTÉS ET USAGES

PLAN

I Fer.
- Ductile, malléable, très tenace. — Facile à façonner.
- Inconvénient : difficilement fusible. — N'est pas élastique
- Usages
  - Extrêmement nombreux : constructions, chaudronnerie.
  - Tôle, fer-blanc, fer battu, fer galvanisé.

II Fonte.
- Deux variétés principales
  - *Fonte grise*
    - Peut se mouler et se travailler.
    - Se produit à haute température dans les hauts fourneaux.
    - Renferme toujours du carbone à l'état libre et un peu de silicium.
    - Sert à fabriquer fourneaux, poêles, colonnes, statues, etc.
  - *Fonte blanche*
    - Difficile à travailler ; impropre au moulage.
    - Se produit à plus basse température que la fonte grise.
    - Ne renferme pas de carbone à l'état libre.
    - Sert à fabriquer les aciers.

III Aciers.
- Par la *trempe* acquièrent de l'*élasticité*, de la *dureté*, mais aussi deviennent cassants. Nécessité de les recuire.
- Usages extrêmement nombreux. Corps beaucoup plus employés que le fer et la fonte.
  - Quincaillerie.
  - Coutellerie.
  - Machines.
  - Plaques de blindage, rails.
  - Pièces d'artillerie, etc.

I. — FER

88. Propriétés pratiques.

Le fer est un métal très tenace, ductile et malléable. Avant de fondre, il se ramollit et devient pâteux ; à cet état il peut prendre toutes les formes par le martelage ; on peut le façonner comme on veut et le souder à lui-même sans l'intermédiaire d'un autre métal ; c'est ce qui permet de l'employer pour la fabrication d'objets de formes si variées. Il s'écrouit sous l'action du marteau, du laminoir ou de la filière; mais il suffit de le recuire pour pouvoir le travailler de nouveau. Il s'oxyde à l'air, mais nous avons vu (§ 27) plusieurs moyens de le préserver de cette oxydation.

Son seul inconvénient réel est sa haute température de fusion : 1.500°. De plus, il n'est pas élastique et par suite ne peut servir à fabriquer certains objets, tels que lames de couteaux, essieux de voitures, etc. Nous verrons que l'acier a l'avantage d'être beaucoup plus fusible et d'être élastique.

89. Usages.

Les usages du fer sont très nombreux. Il remplace souvent le bois et la pierre dans la construction des maisons, des ponts, des charpentes; il sert à faire la coque des navires. Réduit en lames, il constitue la *tôle*, employée pour fabriquer les fourneaux, les tuyaux de poêle, les plaques qu'on place devant les cheminées ou les poêles, etc. Le fer *battu* et le *fer-blanc* servent à fabriquer des ustensiles de cuisine; le fer *galvanisé* est employé pour faire un grand nombre d'objets : fils télégraphiques, grillages, lessiveuses, etc. La ductilité du fer permet de l'employer pour la fabrication des fils, des clous, des tubes; mais ce n'est que lorsqu'il est bien pur qu'il peut s'étirer en fils très fins (*fils d'archal*).

II. — FONTES

90. Propriétés.

Les diverses variétés de fontes obtenues dans les hauts fourneaux peuvent se ramener à deux types : la **fonte grise** et la **fonte blanche**, qui diffèrent par leurs propriétés et par leur composition.

La fonte grise, dont la couleur varie du gris foncé au gris clair, fond vers 1.200° et devient très fluide et parfaitement propre au *moulage*. Elle est grenue et se laisse facilement limer, tourner, travailler au burin. La fonte blanche fond vers 1.100°, mais elle ne devient jamais très fluide, ce qui la rend impropre au moulage. Elle est dure, cassante, difficile à limer et à travailler.

Ces deux sortes de fontes peuvent se produire dans le même haut fourneau : lorsque la température est très élevée, c'est la fonte grise que l'on obtient ; à plus basse température, c'est la fonte blanche. La première diffère de la seconde, au point de vue de la composition, en ce qu'elle renferme toujours une petite quantité de charbon à *l'état libre* (c'est ce qui lui donne sa couleur); tandis que, dans la seconde, *tout* le charbon est combiné au fer; de plus, il y a toujours dans la fonte grise une petite quantité de *silicium* qui n'existe pas dans la fonte blanche. Cette différence de composition tient à plusieurs causes : quand la température est très élevée, le refroidissement met plus de temps à se faire et le carbone a le temps de se séparer; de plus, la fonte, à cette haute température, réduit la silice du laitier et donne du silicium (fonte grise). Si la température est moins élevée, la fonte met trop peu de temps à se refroidir pour que le carbone ait le temps de se séparer et de cristalliser à part (fonte blanche). Cette explication se justifie par ce fait qu'on peut transformer la fonte grise en fonte blanche en la fondant et en la refroidissant brusquement (trempe); c'est ainsi que, pour avoir des objets ayant la dureté de la fonte blanche sans en avoir la fragilité, on les fait en fonte grise; puis, par échauffement suivi de refroidissement brusque *à la surface*, on les transforme *extérieurement* en fonte blanche (cylindres de laminoirs). Inversement, la fonte blanche fondue et refroidie lentement se transforme en fonte grise.

91. Usages.

Toute la fonte blanche est transformée en fer et surtout en acier; il en est de même d'une petite partie de la fonte grise. Le reste (1/4 environ de la production totale des fontes) est employé pour la fabrication par moulage d'un grand nombre d'objets utilisés dans l'industrie ou dans l'économie ménagère : pièces de machines, cornues pour la fabrication de l'acide azotique, barreaux de grilles, piliers, colonnes, fourneaux, poêles, ustensiles de cuisine, statues, etc.

Pour les objets de grande dimension ou pour les objets grossiers, la fonte est moulée directement à sa sortie du haut fourneau. Pour les petits objets ou pour ceux qui doivent être plus *finis*, on refond la fonte provenant des hauts fourneaux dans des fours cylindriques appelés cubilots ; c'est de là que la fonte, puisée au moyen de poches en fer, est versée dans les moules.

III. — ACIERS

92. Propriétés.

L'acier réunit la plupart des qualités du fer et de la fonte, et de plus il possède des qualités nouvelles. Il est malléable et ductile; ramolli par la chaleur, il peut, comme le fer, être façonné et soudé et, comme la fonte, être moulé. Il a sur le fer l'avantage d'être plus fusible (il fond vers 1.350°).

Mais sa propriété caractéristique est de devenir, par *la* trempe, *très élastique*, *très dur*, *et aussi très cassant;* la trempe s'opère en chauffant fortement l'acier, puis en le refroidissant brusquement par immersion dans un liquide froid (eau, huile, mercure). L'élasticité et la dureté de l'acier trempé permettent de l'employer à la fabrication d'un grand nombre d'objets pour lesquels le fer ne peut servir. Mais il a l'inconvénient d'être très cassant; pour diminuer sa fragilité, on est obligé de le recuire, c'est-à-dire de le chauffer, puis de le refroidir lentement. Comme le recuit diminue en même temps la dureté de l'acier, on l'opère à des températures plus ou moins élevées suivant le degré de dureté qu'on veut obtenir ; dans cette opération, la surface de l'acier s'oxyde et prend une teinte variable avec les températures, ce qui permet d'arrêter le recuit au moment voulu.

Les diverses propriétés des aciers varient beaucoup avec leur composition chimique : c'est ainsi que la résistance à la rupture est en général d'autant plus grande que la teneur en carbone est plus considérable; il en est de même pour la dureté. Grâce à ces différences dans les propriétés, on peut employer les aciers à un grand nombre d'usages divers.

93. Usages.

Les usages des aciers deviennent de jour en jour plus importants. L'acier puddlé sert à faire les sabres, les épées, les scies, les ressorts de voitures, les instruments aratoires, etc. L'acier de cémentation, plus fin, est employé dans la fabrication de la quincaillerie, de la coutellerie fine, des burins, des laminoirs, des instruments de chirurgie, des coins des monnaies, de la bijouterie d'acier, des ressorts de montres, etc.

Ce sont les aciers Bessemer qui prennent surtout de l'extension; on les emploie pour faire les plaques de blindage des navires, les pièces d'artillerie, les projectiles, les rails, les essieux et les bandages des roues de locomotives, les tôles des chaudières, et, d'une manière générale, toutes les pièces d'acier assez volumineuses. Les aciers spéciaux sont employés toutes les fois qu'on veut obtenir des qualités particulières, par exemple, une *résistance à la rupture* ou une *dureté* supérieures à celles qu'on rencontre dans les aciers ordinaires.

Parmi ces aciers nous citerons les *aciers au manganèse*,

utilisés pour le moulage des pièces soumises au choc, notamment les pointes des aiguilles de chemin de fer ;

Les *aciers au chrome*, avec lesquels on fait les cuvettes des roulements à billes, les obus de rupture;

Les *aciers au tungstène*, employés pour la fabrication des ressorts ;

Les *aciers au nickel-chrome*, avec lesquels on fabrique les plaques de blindage, les projectiles de perforation, les pièces d'engrenages pour automobiles;

Les *aciers au chrome-tungstène* (carbone 0,45 à 0,80 0/0 ; chrome 2,5 à 6 0/0 ; tungstène 7 à 18 0/0), appelés encore aciers à coupe rapide ou aciers vitesse, qui peuvent être portés au rouge sombre sans perdre la dureté acquise par la trempe.

Cette précieuse propriété permet d'obtenir avec ces aciers des outils avec lesquels on peut travailler sans prendre le souci de les refroidir avec de l'eau de savon.

Les *aciers au nickel-vanadium*, qui ont, après la trempe, une charge de rupture élevée, 100 à 130 kilogrammes par millimètre carré, avec des allongements de 10 à 15 0/0 et une résistance au choc assez forte, 8 à 12 kilogrammètres ;

L'alliage *Invar* ou alliage Guillaume à 36 0/0 de nickel. Cet acier se dilate 17 fois moins que l'acier ordinaire, aussi sa dilatation est-elle négligeable ; il n'est pas magnétique et est inoxydable. Ces propriétés l'ont fait employer pour la construction des règles géodésiques, des pendules, des spiraux de chronomètres, etc.

Ce sont ces qualités de dureté et de résistance à la rupture, d'élasticité, etc., qui donnent aux aciers spéciaux une importance industrielle chaque jour plus considérable.

94. Expériences. — Montrer des échantillons des divers minerais de fer. Faire distinguer le fer de l'acier ; l'acier est élastique, car, lorsqu'on le plie, il revient à sa position première. Mais si l'on dépasse la limite d'élasticité, il se casse. Au contraire, lorsqu'on courbe le fer, il se plie sans se casser. Reconnaître les aiguilles à coudre bien trempées de celles qui le sont mal : les premières sont résistantes, et, quand elles ont subi un trop grand choc, elles *ne se tordent jamais*, elles se cassent ; les secondes sont beaucoup moins résistantes, et se tordent facilement sans se rompre. Montrer que l'acier fortement trempé raye le verre (emploi d'une lime pour rayer les tubes de verre qu'on veut couper; emploi d'une pointe d'acier pour graver sur verre); le fer, au contraire, ne raye jamais le verre.

Chauffer une plume à écrire pour la détremper; vérifier que le métal peut se plier sans se casser. Porter ensuite cette plume au rouge puis la tremper dans l'eau froide, le métal est devenu dur (essayer de l'entamer avec une lime) et cassant.

Frotter cette plume avec de la toile d'émeri ou du papier de verre, la fixer à l'extrémité d'un porte-plume, poser sa pointe sur un tisonnier rougi au feu et observer ses changements de teintes.

CHAPITRE XI

CUIVRE

Cu = 63

PLAN

Etat naturel	Quelquefois natif — le plus souvent à l'état de sulfure (chalkopyrite) ou de carbonate (malachite).
Métallurgie	Opérations assez compliqués par suite de la présence de plusieurs métaux (fer). Résultat : cuivre brut qu'on purifie dans l'appareil Bessemer. L'affinage électrolytique donne du cuivre pur.
Propriétés	Couleur rouge — densité 8,85 — ductile, malléable, *bon conducteur de la chaleur et de l'électricité.* Les sels de cuivre sont *vénéneux.*
Usages	Chaudières, bassins, ustensiles de cuisine, fils électriques, monnaies (bronze).
Alliages	Laitons. Bronzes. Maillechort.
Composé principal	*Sulfate de cuivre :* utilisé dans les laboratoires, dans l'industrie, en agriculture.

95. État naturel.

Le cuivre se rencontre souvent à l'état natif (lac Supérieur) mais on l'extrait surtout de son principal minerai, le *sulfure de cuivre* ou *chalkopyrite* (sulfure de cuivre et de fer). On le rencontre aussi à l'état d'oxyde cuivreux Cu^2O et de carbonate (*malachite*).

96. Métallurgie.

Le traitement des sulfures de cuivre est assez compliqué par suite de la présence du fer et d'autres métaux dans le minerai, aussi n'entrerons-nous pas dans le détail des opérations suivies. Nous dirons seulement qu'on obtient finalement un produit renfermant 20 à 25 0/0 de cuivre (cuivre brut) qu'on traite au convertisseur Bessemer. On obtient ainsi un cuivre presque pur.

Si l'on veut du cuivre pur (employé surtout en électricité), on l'affinne par un traitement électrolytique. A cet effet on fait passer un courant électrique dans une solution d'un sel de cuivre (sulfate). Le courant arrive par une anode formée d'un lingot de cuivre impur, il sort par une lame de cuivre pur (cathode). Le courant décompose la dissolution et dépose du cuivre pur sur la lame de sortie qui s'épaissit peu à peu.

97. Propriétés.

Le cuivre a une couleur rouge particulière ; frotté entre les doigts, il leur communique une odeur spéciale. Sa densité est voisine de 9 (8,79 à 8,95). Il est très ductile et malléable. C'est un des métaux qui conduisent le mieux la *chaleur et l'électricité*. Il fond vers 1.050°.

Chauffé au rouge, le cuivre se recouvre d'une mince couche d'oxyde de cuivre CuO. A l'air humide, il forme à sa surface un hydrocarbonate du cuivre, *vert-de-gris*. Les acides, même faibles, donnent avec le cuivre des sels vénéneux, c'est pourquoi on étame les casseroles de cuivre et pourquoi aussi il ne faut pas laisser séjourner des aliments dans une casserole de cuivre étamée insuffisamment (1).

(1) On a toutefois bien exagéré les accidents dus à la préparation des aliments dans des vases de cuivre. D'après M. Armand Gautier il y a moins de danger à faire la cuisine dans une casserole de cuivre non étamée que *mal étamée*, c'est-à-dire étamée avec de l'étain contenant une grande quantité de plomb comme le font encore, par raison d'économie, certains étameurs ambulants.

98. Usages.

Le cuivre est, après le fer, le métal le plus employé.

Comme il est bon conducteur de la chaleur, il sert à la fabrication des chaudières, des alambics, des bassines, des casseroles.

Le cuivre, étant bon conducteur de l'électricité, est employé dans toutes les installations électriques; on fait alors usage de cuivre pur (cuivre électrolytique).

On préserve souvent de la rouille les objets de fer ou de fonte en les recouvrant, par électrolyse, d'une mince couche de cuivre. Le cuivre en feuilles sert au doublage des navires.

99. Principaux alliages.

Pur, le cuivre fond difficilement et se prête mal au moulage; — ses alliages, surtout les bronzes et le laiton, sont plus fusibles, plus durs que lui et se moulent plus facilement. C'est grâce à eux que le cuivre occupe une place si importante parmi les métaux.

Laitons.

Les laitons sont des alliages de cuivre et de zinc auxquels on ajoute un peu de plomb et d'étain afin de pouvoir les travailler à la lime et au tour. Voici la composition du laiton pour instruments :

Cuivre	62
Zinc	36
Plomb	1,8
Étain	0,2

Le laiton entre dans la confection d'un grand nombre d'objets : instruments de musique, robinets, épingles, etc.

Bronzes.

Les bronzes sont des alliages de cuivre et d'étain auxquels on ajoute parfois une faible quantité de zinc :

Bronze des cloches	Cuivre	78
	Étain	22
Bronze des monnaies et des médailles	Cuivre	95
	Etain	4
	Zinc	1

On peut allier le cuivre à l'aluminium, on obtient alors les *bronzes d'aluminium* d'une belle couleur jaune pouvant se travailler à chaud comme le fer, et acquérir un beau poli. Ils renferment 20 à 25 0/0 de cuivre et 10 à 5 0/0 d'aluminium.

Le *maillechort* souvent employé dans la fabrication des instruments de musique, des compas, etc., est un alliage de cuivre, de nickel et de zinc :

Cuivre	50
Nickel	25
Zinc	25

L'expérience a montré qu'une faible quantité de phosphore ajoutée au bronze, *bronze phosphoreux* :

Cuivre	79
Étain	10
Plomb	9,50
Phosphore	0,80

donne un alliage d'une grande dureté et présentant peu d'usure au frottement. Cette qualité le fait employer dans certaines parties de moteurs à pétrole, les coussinets des machines, etc.

SULFATE DE CUIVRE

100. Propriétés et usages.

Le sulfate de cuivre appelé encore *vitriol bleu* ou *couperose bleue*, est un sel qu'on trouve dans le commerce en gros cristaux bleus solubles dans l'eau ; ils correspondent à la formule $SO^4Cu + 5H^2O$. Chauffés, ils perdent cette eau et se transforment en sulfate anhydre, poudre blanche qui redevient bleue au contact de l'eau.

On prépare le sulfate de cuivre en attaquant des rognures de cuivre par de l'acide sulfurique concentré, ou mieux en grillant à l'air le sulfure de cuivre naturel. Le sulfate de cuivre sert en galvanoplastie et dans les piles Daniell ; en teinture, pour la préparation des couleurs noires, violettes et bleues. Mais il est employé principalement comme antiseptique, en médecine, et surtout en agriculture. Ainsi, les grains de blé, avant d'être semés, sont arrosés d'une solution de sulfate de cuivre, qui éloigne les insectes et empêche le développement d'un petit champignon existant souvent sur ces grains. Cette opération s'appelle *sulfatage*. On emploie aussi de grandes quantités de sulfate de cuivre, sous la forme de *bouillie bordelaise* ou *bouillie bourguignonne*, pour combattre le mildiou et le black-rot de la vigne ; il tue en effet les champignons qui produisent ces maladies.

101. Expériences. — Montrer des échantillons de minerai de cuivre, du cuivre rouge en plaque, en tube, en fil, du laiton, du bronze, du maillechort, du bronze d'aluminium. Action des acides sur le cuivre. Gravure à l'acide : recouvrir une plaque de cuivre d'une mince couche de cire dissoute dans la benzine ou simplement fondue, enlever la cire en certains endroits avec un stylet, une aiguille et mettre quelques gouttes d'acide sur le métal à découvert.

CHAPITRE XII

PLOMB

Pb = 207

PLAN

État naturel	Sulfure de plomb (galène).
Métallurgie	Le sulfure est transformé en oxyde par le grillage, puis l'oxyde est réduit par le charbon. Affinage. Lorsque le plomb est argentifère, on en retire l'argent.
Propriétés	Densité 11,35. — Malléable, ductile, peu tenace. Peu attaqué par l'acide sulfurique. Le plomb est *très vénéneux* ainsi que ses composés.
Usages	Couverture des toits, fabrication de l'acide sulfurique (chambres de plomb), tuyaux et fils de plomb.
Alliages	Caractères d'imprimerie, soudure, étamage (en faible quantité, afin de donner plus de fusibilité à l'étain).
Composés	*Minium* ou oxyde de plomb employé en verrerie et pour la peinture du fer. *Céruse* ou hydrocarbonate employé en peinture.

102. État naturel.

Le principal minerai de plomb est le sulfure de plomb PbS appelé *galène;* il est souvent accompagné d'un peu d'argent.

Les gisements les plus importants se rencontrent aux États-Unis, en Espagne, en Angleterre, en Allemagne. Il existe quelques rares mines en France de faible importance, à Pontpéan (Ille-et-Vilaine), Pontgibaud (Puy-de-Dôme), Vialas (Lozère).

103. Métallurgie.

Le traitement du minerai varie avec la nature de la gangue qui l'enveloppe. Lorsque la gangue est siliceuse, on grille la galène de manière à la transformer en oxyde :

$$PbS + 3O = PbO + SO^2 \nearrow$$

puis on réduit l'oxyde par le charbon dans un four spécial :

$$2PbO + C = 2Pb + CO^2 \nearrow$$

Le plomb obtenu subit ensuite un affinage avant d'être livré au commerce.

S'il contient $\frac{5}{1.000}$ d'argent, on le traite par des procédés spéciaux fondés sur le phénomène de liquation (§ 32) pour en retirer l'argent. On s'appuie sur ce fait que du plomb argentifère fondu et refroidi lentement se sépare en deux parties : l'une, plus riche en plomb que l'alliage primitif, cristallise ; l'autre, plus riche en argent, reste liquide ; l'on soumet séparément chacune d'elles à une nouvelle fusion suivie d'un nouveau refroidissement, le même phénomène se produit, de sorte qu'on arrive à avoir, d'un côté un alliage de plus en plus pauvre en argent, de l'autre un alliage de plus en plus riche, duquel on peut retirer l'argent industriellement (§ 133).

104. Propriétés.

Le plomb est un métal de couleur gris-bleuâtre. Lorsqu'on le coupe, il présente une surface brillante qui se ternit rapidement à l'air humide par suite de la formation d'un hydrocarbonate de plomb. C'est un métal très mou, facilement rayé par l'ongle.

Sa densité est 11,35, il fond à 335°. Ce métal est assez malléable et ductile, mais sa ténacité est faible (§ 23).

Le plomb réagit sur l'acide azotique et donne de l'azotate de plomb $(AzO^3)^2Pb$; l'acide sulfurique n'exerce d'action qu'à l'ébullition, quand il est concentré au delà de 60° Baumé, d'où l'emploi du plomb pour la construction des chambres de réaction dans la fabrication de l'acide sulfurique (chambres de plomb).

Le plomb est extrêmement vénéneux, ainsi que tous ses composés ; aussi ne doit-on jamais faire cuire ou conserver des aliments dans des poteries grossières, car elles sont vernissées avec des produits à base d'oxyde de plomb que les acides ou les corps gras attaquent en formant des sels de plomb solubles. — De même il ne faut jamais recueillir l'eau de pluie dans des citernes de plomb, car le métal se transforme au contact de cette eau en hydrocarbonate peu soluble dans l'eau, mais suffisamment cependant pour la rendre toxique.

C'est pour la même raison que les eaux de pluie ayant passé sur les toitures de plomb doivent être rejetées de l'alimentation.

Remarque. — On emploie sans inconvénient des tuyaux de plomb pour conduire les eaux de source ou de rivière, car elles renferment des sels calcaires, — sulfates et chlorures, — qui recouvrent immédiatement le plomb d'une couche protectrice de sels insolubles ; l'eau circule dans cette gaine sans se charger de sels de plomb.

105. Usages.

Le plomb a beaucoup d'usages : réduit en feuilles il sert à recouvrir les toits, à doubler les chambres de réaction pour la fabrication de l'acide sulfurique, à emballer certaines marchandises (thé). On en fait des fils utilisés dans le jardinage, des tuyaux de conduite pour l'eau ou le gaz, le plomb de chasse.

Alliages.

Les alliages de plomb les plus employés sont les suivants :

Caractères d'imprimerie (§ 30)	Plomb	80
	Antimoine	20

Soudure de plombiers	Etain	67
	Plomb	33
Alliages pour ustensiles de cuisine (1)...................	Étain	92
	Plomb	8

MINIUM ET CÉRUSE

106. Minium.

Lorsqu'on chauffe du plomb à l'air, il se recouvre d'une pellicule jaunâtre qui est de l'oxyde de plomb ou *massicot*. On le prépare dans l'industrie en calcinant du plomb sur de larges soles et en enlevant la pellicule d'oxyde à mesure qu'elle se forme.

Si l'on calcine le massicot à l'air, vers 300°, on obtient un produit de couleur rouge qui est le minium Pb^3O^4.

Le minium sert principalement à la fabrication des cristaux et des émaux (§ 63). Il sert aussi à colorer la cire à cacheter, à faire une peinture très solide pour recouvrir le fer et le préserver de la rouille. Mélangé à la céruse, il forme un mastic employé pour luter les joints des machines à vapeur.

107. Carbonate de plomb ou céruse.

Le carbonate de plomb du commerce, *céruse* ou *blanc de plomb*, est, en réalité, un hydrocarbonate de plomb, c'est-à-dire un mélange de carbonate neutre et d'hydrate de plomb. C'est un solide blanc, que l'on prépare industriellement par deux procédés :

1° *Procédé de Clichy.* — Ce procédé consiste à faire passer un courant de *gaz carbonique* dans une dissolution

(1) Bien que le plomb soit vénéneux, on est obligé d'en introduire une petite quantité dans l'étain destiné à l'étamage pour rendre l'alliage plus fusible et plus facile à employer. D'ailleurs si l'on ne dépasse pas la proportion de 8 0/0 de plomb, ce métal est en trop faible quantité pour produire des effets nocifs.

d'acétate triplombique, obtenue avec de l'acide acétique et un excès d'oxyde de plomb ou litharge ; le gaz carbonique se combine à une partie de la litharge que contient l'acétate, donne du carbonate de plomb *insoluble* que l'on recueille ; il reste dans la liqueur de l'acétate neutre de plomb, auquel il suffit d'ajouter de la litharge pour régénérer l'acétate triplombique, et ainsi de suite.

2° *Procédé hollandais.* — Le procédé hollandais consiste à attaquer des lames de *plomb* par de l'acide *acétique*, et à décomposer l'acétate obtenu par du *gaz carbonique.* Des lames de plomb B, enroulées en spirale, sont disposées dans des pots de grès, sur un rebord intérieur placé à quelques centimètres du fond (*fig.* 21) ; au-dessous, en A, on a mis un peu de vinaigre qui fournira l'acide acétique. Les pots, fermés incomplètement par un disque de plomb, sont placés les uns à côté des autres entre des couches de fumier dont la fermentation détermine une élévation de température qui fait vaporiser l'acide acétique ; les vapeurs formées attaquent le plomb en donnant un acétate ; mais en même temps la fermentation produit du gaz carbonique qui transforme l'acétate en carbonate. Au bout de deux ou trois mois, les lames de plomb sont transformées en carbonate sur une grande épaisseur. On les bat pour détacher la céruse ainsi formée qu'on pulvérise ensuite.

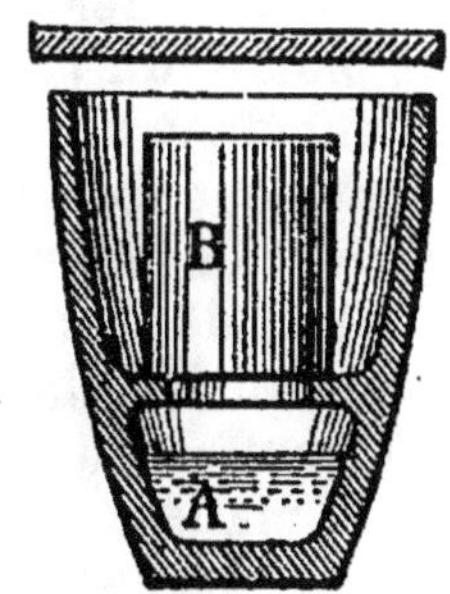

Fig. 21. — Pots servant à la préparation de la céruse dans le procédé hollandais.

Propriétés et usages de la céruse. — Délayée dans de l'huile, la céruse donne une belle couleur blanche, employée en peinture parce qu'elle est très opaque et *couvre bien ;* souvent aussi on la mélange à d'autres couleurs pour les épaissir.

Elle a l'inconvénient de noircir par les émanations d'hydrogène sulfuré, parce qu'elle forme un composé noir de sulfure de plomb; aussi est-elle peu employée pour peindre l'intérieur des habitations. — Mais surtout elle est très vénéneuse, comme tous les composés du plomb, et très dangereuse à manier; les ouvriers qui la fabriquent ou qui l'emploient sont exposés à des douleurs aiguës (coliques de plomb), à de la paralysie et à diverses affections chroniques graves. C'est en vue de diminuer ces cas d'empoisonnement qu'on s'occupe depuis quelques années de réglementer en France l'emploi de la céruse. Au moins dans l'intérieur des habitations, la céruse peut être avantageusement remplacée par le blanc de zinc (oxyde de zinc), qui n'est pas vénéneux et ne noircit pas à l'air, le sulfure de zinc formé avec l'hydrogène sulfuré étant blanc. Pour l'extérieur des bâtiments, le blanc de zinc est inférieur à la céruse, parce qu'il ne résiste pas aussi bien aux intempéries.

108. Expériences. — Montrer des échantillons de minerais de plomb, du plomb en tube, en feuilles, en fil. Faire fondre du plomb dans une casserole en fer, observer la production du massicot sous forme d'une couche irisée à la surface du métal; remuer de temps à autre le liquide, de manière à renouveler le contact de l'air et repousser la pellicule formée vers les bords; observer les changements de teinte qu'elle prend.

Chauffer du massicot, remuer toujours en évitant la fusion de la matière jusqu'à ce qu'on obtienne une poudre d'une belle couleur orangée.

Montrer de la céruse, soumettre une petite quantité de céruse aux émanations d'hydrogène sulfuré.

CHAPITRE XIII

ZINC

$Zn = 65$

PLAN

État naturel	Sulfure de zinc (*blende*). Carbonate — (*calamine*).
Métallurgie	1° Le grillage du minerai donne de l'oxyde de zinc. 2° On réduit l'oxyde par le charbon.
Propriété	Cassant à froid, ductile et malléable entre 130 et 150°. — Brûle à l'air en donnant de l'oxyde de zinc. — Peu altérable à l'air. Les acides étendus l'attaquent.
Usages	Est utilisé pour faire des seaux, des baignoires, des gouttières, des couvertures de toits, etc. Pour recouvrir le fer (fer galvanisé). — Les sels de zinc sont *vénéneux*.
Alliages	Laitons, maillechort.
Principal composé	Oxyde de zinc ou blanc de zinc employé en peinture.

100. État naturel.

Le zinc se rencontre dans la nature sous forme de sulfure de zinc ou *blende*, de couleur jaune ou brun foncé, ou encore de carbonate de zinc appelé *calamine*. Le premier de ces minerais se tire surtout de Silésie ; le second, d'Angleterre et de Belgique. En France il existe un centre d'extraction dans le département de l'Aveyron.

Métallurgie.

Le minerai est grillé à l'air et donne de l'oxyde de zinc ZnO qu'on réduit ensuite par le charbon (*fig.* 22) :

$$ZnO + C = Zn + CO \nearrow$$

110. Propriétés.

Le zinc est un métal blanc bleuâtre. Sa densité est voisine de 7. Cassant à froid, le zinc n'est ductile et malléable qu'entre 130 et 150°. Il fond vers 400° et se volatilise un peu au-dessus de 900°. Sa vapeur brûle à l'air et répand d'épaisses fumées qui se condensent en légers flocons blancs d'oxyde de zinc.

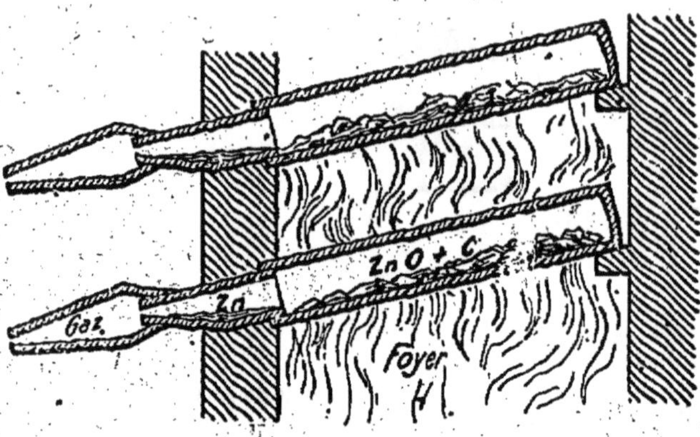

FIG. 22. — Métallurgie du zinc pur.

Le zinc est inaltérable dans l'air sec. A l'air humide, il se recouvre d'une couche grise d'*hydrocarbonate* inaltérable qui protège le métal sous-jacent.

Les acides chlorhydrique et sulfurique étendus attaquent le zinc ordinaire en produisant un sel de zinc et de l'hydrogène qui se dégage (préparation de l'hydrogène, 1re *année*):

$$Zn + SO^4H^2 = SO^4Zn + 2H$$

111. Usages.

Le zinc est employé à une foule d'usages à cause de sa faible altérabilité à l'air. Il est utilisé pour la fabrication d'ustensiles de ménage : brocs, seaux, baignoires, etc. ; réduit en feuilles minces, il est employé pour la couverture des toits, la confection des gouttières, des tuyaux.

On en recouvre des objets de fer : grilles, arrosoirs, pour les protéger de la rouille (fer galvanisé). Il est utilisé dans les piles électriques.

Le zinc ne peut servir à la fabrication des ustensiles de

cuisine, car avec les acides ou les dissolutions salines il donne des sels *vénéneux*.

Le zinc entre dans la composition de divers alliages.

Le *laiton* ordinaire est formé de 67 parties de cuivre et 33 de zinc.

Le maillechort comprend :

Cuivre	50	parties
Zinc	25	—
Nickel	25	—

112. Oxyde de zinc.

L'oxyde de zinc, appelé encore blanc de zinc, est le produit de la combustion du zinc à l'air (*fig.* 23), il se présente

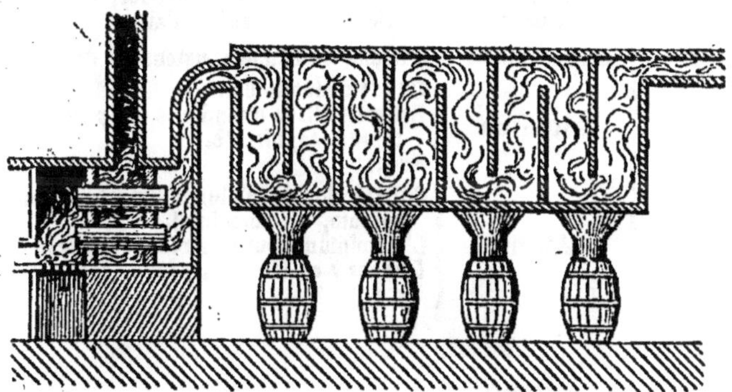

FIG. 23. — Préparation de l'oxyde de zinc.

sous forme de poudre blanche. Broyé avec de l'huile de lin, il donne une peinture blanche qui remplace le blanc de céruse dans la peinture intérieure des bâtiments. Bien que l'oxyde de zinc couvre moins que ce dernier, il offre l'avantage de ne pas être vénéneux et de ne pas noircir sous l'action de l'hydrogène sulfuré.

113. Expériences. — Montrer des échantillons de minerais de zinc, du zinc en feuille, plier une bande de zinc et vérifier que ce métal est cassant. Action des acides sur le zinc. Amalgamer du zinc.

Montrer du blanc de zinc, le soumettre à l'action de l'hydrogène sulfuré.

CHAPITRE XIV

ALUMINIUM — ALUMINE — ALUNS

PLAN

Etat naturel	Sous forme de minerais très répandus : *alumine*, *argile*, cryolithe.	
Métallurgie	On électrolyse le minerai fondu par le courant lui-même.	
Propriétés	Faible densité : 2,56 ; malléable, ductile, tenace, bon conducteur de la chaleur et de l'électricité ; inaltérable à l'air.	
Usages	Instruments divers, fléaux de balance, ustensiles de cuisine.	
Composés	**Alumine**	Oxyde d'aluminium. Est cristallisée quand elle est pure : corindon, rubis, topaze, saphir, etc. Emeri.
	Aluns	Sulfate double d'aluminium et de potassium (ou de sodium, d'ammonium). L'aluminium peut être remplacé par le fer, le chrome. *Usages* : en teinture, pour la fabrication des papiers, etc.

114. État naturel.

L'aluminium n'existe pas à l'état natif, mais ses minerais et ses combinaisons diverses sont abondamment répandus dans la nature, ce sont entre autres : l'*alumine* ou oxyde d'aluminium, les *argiles* ou silicates d'aluminium, la cryolithe ou fluorure d'aluminium et de sodium.

115. Métallurgie.

On prépare actuellement l'aluminium en électrolysant ses minerais préalablement fondus par le courant lui-même (voir § 71 et *fig.* 14). Si on ajoute du cuivre au minerai, on obtient un alliage de cuivre et d'aluminium ou bronze d'aluminium (§ 99).

116. Propriétés.

L'aluminium est un métal d'un blanc bleuâtre, très brillant, qui fond à 625°. Il est très léger, sa densité 2,56 est voisine de celle du verre. Il est très malléable, ductile, sonore, tenace, bon conducteur de la chaleur et de l'électricité, mais il se soude difficilement à lui-même à cause de la formation d'alumine à la surface du métal chaud.

L'aluminium est inaltérable dans l'air sec ou humide. Les acides sulfurique et azotique l'attaquent faiblement à chaud, l'acide chlorhydrique le dissout au contraire, il en est de même de la potasse et de la soude.

117. Usages.

La légèreté et l'inaltérabilité de l'aluminium, son prix de revient relativement bas (2 fr. 50 le kilogramme) le font employer pour une foule d'usages : tubes pour lorgnettes, couverts, timbales, instruments divers, fléaux de balance, etc. Il tend de plus en plus à détrôner le cuivre dans les ustensiles de cuisine, les casseroles d'aluminium sont en effet légères à manier et elles n'ont pas besoin d'être étamées. Il faut seulement prendre garde de ne pas les nettoyer avec des cristaux de soude qui les détérioreraient rapidement.

Nous avons vu précédemment (§ 67) une application de l'aluminium à la métallurgie (aluminothermie). La température produite par la réduction de l'aluminium atteint celle de l'arc électrique.

On emploie aussi l'aluminium pour faire disparaître l'oxygène dissous dans l'acier en fusion qui, en restant emprisonné dans le métal, occasionne des soufflures. L'introduction d'une faible quantité d'aluminium dans la masse suffit pour absorber l'oxygène et supprimer les soufflures.

118. Alumine cristallisée.

L'alumine est très répandue dans la nature et nous avons

vu qu'elle servait de minerai dans la fabrication de l'aluminium. Quand elle est pure, elle est cristallisée, incolore : c'est le *corindon* (*fig.* 24), pierre précieuse qui a une dureté voisine de celle du diamant et dont l'aspect rappelle le cristal.

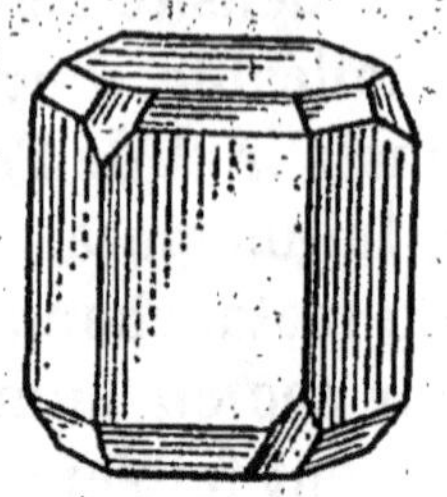

Fig. 24. — Corindon.

Souvent le corindon, tout en gardant sa transparence, est coloré par des traces d'oxydes métalliques; suivant la nature de la coloration on a les pierres précieuses connues sous le nom de *rubis* (rouge), *émeraude* (vert), *saphir* (bleu), *topaze* (jaune), *améthyste orientale* (violet).

On trouve encore un corindon souillé par de l'oxyde de fer et de coloration noirâtre. Réduit en poudre et fixé sur de la toile par de la colle forte, il forme la toile d'émeri.

119. Alun ordinaire.

L'alun ordinaire ou *alun de potassium* est un sulfate double d'aluminium et de potassium, de formule

$$SO^4K^2 + (SO^4)^3 Al^2 + 24H^2O.$$

C'est un corps cristallisé, généralement en octaèdres réguliers; les cristaux sont incolores, d'une saveur astringente, peu solubles à froid et beaucoup plus solubles à chaud; 100 grammes d'eau en dissolvent 9 grammes environ à 10° et 357 grammes à 100°.

L'alun est employé en teinture comme mordant, parce qu'il fixe les couleurs, grâce à l'alumine ou oxyde d'aluminium qu'il contient. On l'emploie aussi pour conserver les cuirs, pour coller la pâte à papier, pour clarifier les suifs. En médecine, il est utilisé comme astringent et comme caustique, dans les angines et contre les aphtes. On prépare l'alun en mélangeant des dissolutions de sulfate d'aluminium et de sulfate de potassium (§ 37). Quant au sulfate d'aluminium, on le prépare souvent en décomposant par l'acide sulfurique l'argile, qui est un silicate d'aluminium ; il se forme du sulfate d'aluminium, et la silice se dépose.

Aluns. — Il existe beaucoup d'autres aluns, qui sont aussi des sulfates doubles de formule analogue à celle de l'alun ordinaire ; seulement le potassium peut y être remplacé par le sodium ou l'ammonium, et l'aluminium par le fer ou le chrome ; ainsi l'alun ammoniacal est un sulfate double d'aluminium et d'ammonium cristallisant avec 24 molécules d'eau. *Tous les aluns cristallisent dans le même système* (en octaèdres réguliers). Bien plus, si l'on a une dissolution saturée d'alun ordinaire, par exemple, et qu'on y plonge un cristal d'un autre alun, tel que l'alun de chrome, le cristal continue à s'accroître comme s'il était dans sa propre dissolution, et une couche d'alun ordinaire incolore se superpose à l'alun de chrome violet, de sorte que les deux sels coexistent dans le même cristal. On dit que les aluns sont isomorphes.

110 *bis*. Expériences. — Montrer des échantillons de minerais d'aluminium. Montrer de l'aluminium en feuilles, en fil, en tubes, observer la sonorité de ces tubes quand on les frappe. Montrer si possible des plats, des casseroles en aluminium.

Vérifier l'action de l'acide chlorhydrique des alcalis sur ce métal.

Montrer de l'alun de potassium, de chrome, de fer, faire cristalliser des dissolutions d'alun.

CHAPITRE XV

PORCELAINE, FAÏENCE ET POTERIES

PLAN

I. Propriétés des argiles
- Forment avec l'eau une pâte plastique.
- La pâte chauffée au rouge devient très dure, presque infusible.
- En se desséchant, la pâte se fendille.

Conséquence : *Les argiles servent à la fabrication des poteries ; mais on y ajoute toujours un dégraissant qui empêche la pâte de se fendiller.*

II. Diverses sortes d'argiles
- Argile pure ou kaolin : Pâte très liante avec l'eau.
- Argiles plastiques : Pâte liante avec l'eau.
- Argiles figulines, Argiles smectiques : Pâte très peu liante.

III. Poteries (Div. sortes)
- Poteries demi-vitrifiées.
- Poteries poreuses vernissées.
- Poteries poreuses non vernissées.

A. *Poteries demi-vitrifiées.*

Porcelaine (Fabrication)
- Matières premières : kaolin, sable, feldspath.
- Préparation de la pâte.
- Travail de la pâte : travail au tour, moulage, coulage.
- Cuisson et glaçure.
- Décoration.

Grès cérames.

B. *Poteries poreuses vernissées.*

Faïences. — Poteries communes.

C. *Poteries poreuses non vernissées*

Terres cuites.

ARGILES

120. Les argiles sont très répandues dans la nature; elles proviennent de la décomposition à l'air humide du *feldspath*, silicate double d'aluminium et de potassium, qui existe dans un grand nombre de roches, entre autres dans le granit.

121. Propriétés.

Les argiles sont des *silicates d'aluminium hydratés* qui peuvent être purs (kaolin), mais sont le plus souvent mêlés à des matières étrangères, en particulier à de l'oxyde de fer. Blanches quand elles sont pures, elles sont jaunes ou roses quand elles renferment du fer.

Elles sont douces au toucher, très tendres car elles se laissent rayer par l'ongle. Elles happent à la langue (parce qu'elles absorbent la salive) et répandent une odeur particulière quand on souffle dessus.

Leur propriété essentielle est de former avec l'eau une pâte plus ou moins liante, d'autant plus plastique et plus aisée à façonner que les argiles sont plus pures. Cette pâte, chauffée au rouge, se dessèche, devient *très dure, presque infusible, sans action sur l'eau*. Ce sont ces propriétés qui permettent d'employer les argiles pour la fabrication des poteries. Mais la pâte, en se desséchant, soit à l'air, soit dans un four, subit un retrait et se fendille; aussi est-on obligé d'y incorporer des substances, dites dégraissantes, qui diminuent le retrait de la matière et l'empêchent de se fendiller.

On trouvera donc toujours comme matières premières dans la fabrication des poteries : de l'argile *et un* dégraissant.

Mais on n'emploie pas à cet usage toutes les sortes d'argiles; nous allons indiquer celles qui conviennent le mieux.

122. Diverses sortes d'argiles. — Au point de vue industriel, on distingue :

1° L'*argile pure* ou *kaolin* ou *terre à porcelaine*, qu'on trouve en abondance aux environs de Limoges (Saint-Yrieix), en Saxe, en Chine. C'est une substance blanche, douce au toucher, difficilement fusible. Elle est *très plastique*, c'est-à-dire qu'elle forme avec l'eau une pâte liante, facile à pétrir et à travailler. Le retrait qu'elle éprouve en se desséchant est considérable. Elle acquiert par la chaleur une très grande dureté;

2° Les *argiles plastiques* ou *réfractaires,* qui renferment des matières étrangères, comme toutes les argiles autres que le kaolin; mais elles en renferment très peu. Elles forment aussi avec l'eau une pâte liante, difficilement fusible, acquérant une grande dureté lorsqu'on la dessèche par la chaleur;

3° Les *argiles figulines,* qui sont plus impures que les argiles plastiques, et sont aussi plus fusibles et plus difficiles à travailler parce qu'elles forment une pâte peu liante;

4° Les *argiles smectiques,* impures, trop difficiles à façonner et trop fusibles pour servir dans la fabrication des poteries. Elles servent, sous le nom de *terre à foulon*, pour dégraisser les draps, parce qu'elles *absorbent* la matière grasse qui les imprègne. Exemple : argiles d'Issoudun, de Villeneuve (Isère);

5° Les *marnes,* mélanges d'argile et de craie, utilisées en agriculture pour amender les terres.

Les trois premières sortes d'argiles seules peuvent donc servir à la fabrication des poteries.

POTERIES

123. Dans toutes les poteries entrent de l'argile et un dégraissant, mais la pâte obtenue avec ce mélange est poreuse. Pour la rendre *imperméable aux liquides*, on emploie deux moyens:

1° On ajoute à la pâte une substance appelée *fondant*, qui, en lui faisant subir un commencement de fusion, la rend imperméable dans toute son épaisseur. On obtient ainsi les *poteries demi-vitrifiées :* porcelaines et grès cérames;

2° On conserve la pâte poreuse, mais on la recouvre d'un

vernis ou *couverte* imperméable. Ce sont les *poteries poreuses vernissées :* faïences, poteries communes.

Un troisième groupe de poteries est constitué par celles qui sont *poreuses et non vernissées :* briques, tuiles, carreaux de terre, creusets, alcarazas, etc.

A. — Poteries demi-vitrifiées

124. On emploie pour toutes ces poteries : de l'argile, un dégraissant, un fondant. De plus, pour donner du poli à la surface, qui est rugueuse, on la recouvre d'un vernis.

125. Porcelaine.

Caractères. — La porcelaine est blanche, translucide, à cassure vitreuse, imperméable dans toute son épaisseur. L'émail dont elle est recouverte est doux au toucher.

126. Fabrication.

1° *Matières premières.* — La porcelaine est fabriquée avec du kaolin, du sable jouant le rôle de dégraissant, et du feldspath jouant le rôle de fondant ; c'est le feldspath qui rend la masse translucide ;

2° *Préparation de la pâte.* — Ces matières sont d'abord broyées et finement pulvérisées, puis délayées dans l'eau, de manière à former une bouillie dont on extrait l'eau en partie pour avoir une *pâte* de la consistance voulue. Cette pâte est impropre au façonnage parce qu'elle renferme des parties plus dures que d'autres et contient aussi des bulles d'air; pour la rendre homogène et chasser ces bulles, on la travaille longuement soit en la pétrissant à la main, soit en la malaxant mécaniquement. Alors commence le façonnage ;

3° *Façonnage de la pâte.* — On façonne la pâte par trois procédés différents : le *travail au tour*, le *moulage* et le *coulage*.

a) **Travail au tour.** — Le tour du potier se compose d'un axe vertical pouvant tourner sur lui-même ; il porte à la partie supérieure un petit plateau horizontal sur lequel on place la pâte à modeler, et à la partie inférieure un plateau plus large et plus lourd auquel l'ouvrier imprime avec le pied un mouvement de rotation (*fig.* 25). Pendant que le disque tourne, l'ouvrier façonne la pâte avec les mains et lui donne *approximativement* la forme de l'objet qu'il veut reproduire ; cette première opération est l'ébauchage. Puis, quand la pâte est un peu séchée, on lui donne sa forme définitive par le tournassage : la pièce étant reportée sur un tour, on la rabote avec un outil tranchant pendant que le tour est en mouvement.

Fig. 25. — Travail de la porcelaine au tour.

b) **Moulage.** — Le moulage de la pâte peut se faire de différentes manières ; mais il faut dans tous les cas avoir à sa disposition un *moule* de l'objet, présentant en creux les surfaces qui doivent être en relief sur les objets à reproduire et inversement. Ces moules (*fig.* 26) sont généralement en plâtre, parce que le plâtre absorbe l'eau de la pâte et la dessèche suffisamment pour qu'on puisse retirer au bout de quelques instants l'objet solidifié. Pour

Fig. 26. — Moules de plâtre.

fabriquer des objets par moulage, on applique sur le moule une feuille de pâte et on lui en fait prendre exactement la forme en la pressant avec une éponge humide. C'est ainsi que se font un grand nombre d'objets, en particulier les assiettes et les plats ; dans ce cas, le moule présente en relief la forme de l'intérieur de l'assiette.

c) **Coulage.** — Lorsqu'on veut faire des objets très minces, ou de formes compliquées, on emploie presque toujours le coulage. A cet effet on verse dans un moule en plâtre une bouillie liquide appelée *barbotine*, faite de pâte à porcelaine délayée dans l'eau. Le plâtre *absorbe l'eau de la barbotine ;* une couche de pâte se solidifie peu à peu sur les parois du moule, et elle est d'autant plus épaisse pour un moule donné que le contact a duré plus longtemps. Lorsqu'on la juge assez épaisse, on renverse le moule pour enlever la barbotine non solidifiée, et l'on démoule l'objet.

Remarque. — Un moule de plâtre ne peut servir indéfiniment, car il se sature peu à peu d'eau; il faut alors le remplacer.

4° *Cuisson de la porcelaine et vernissage.* — Les pièces obtenues par les procédés que nous venons d'étudier doivent être cuites pour acquérir de la dureté. Elles sont soumises à une première cuisson ou *dégourdi*, à une température voisine de 1.000° ; cette cuisson les dessèche complètement, et leur donne une certaine consistance, mais les laisse poreuses. On les recouvre alors de la *couverte* ou glaçure, en les plongeant dans une bouillie claire de pegmatite (mélange de quartz et de feldspath); dès qu'elles sont sorties de ce bain, l'eau de la glaçure est absorbée par la pâte poreuse, et il reste à la surface de cette pâte une mince couche d'émail, fusible à une température un peu inférieure à celle de la seconde cuisson de la porcelaine. La seconde cuisson porte progressivement la porcelaine à une température de 1.300° environ; à ce moment la pâte subit un commencement de fusion, devient imperméable et translucide, tandis qu'à 1.150° environ l'émail a fondu et s'est transformé en une couche vitreuse.

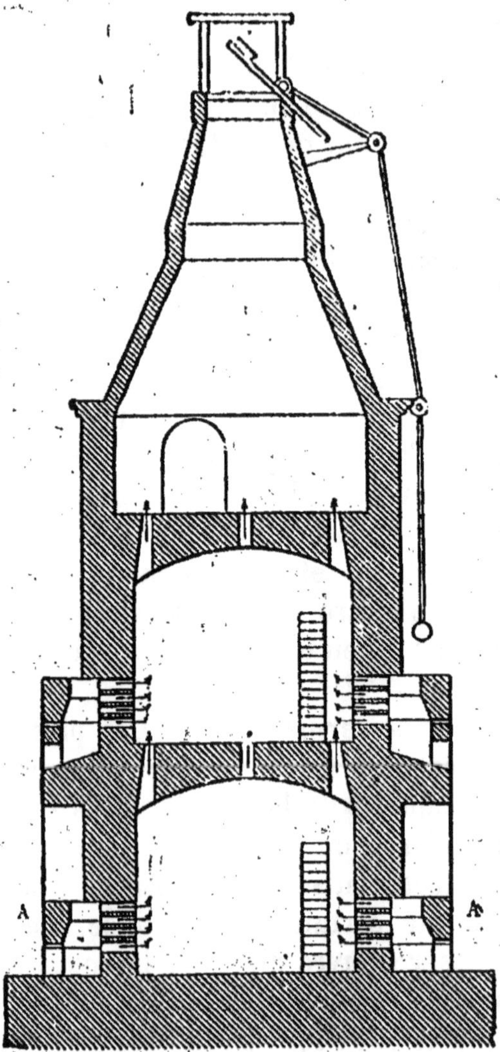

Les deux cuissons de la porcelaine se font dans un très grand four en briques réfractaires, chauffé par des foyers latéraux ou *alandiers* A (*fig.* 27) et divisé en trois étages : l'étage inférieur, le plus chauffé, sert à la deuxième cuisson de la porcelaine; l'étage moyen, chauffé par les gaz des alandiers qui ont déjà traversé l'étage inférieur, sert pour le dégourdi. Chaque étage constitue une chambre circulaire assez vaste, ayant environ 3m,50 de hauteur et autant de diamètre. Pour protéger les pièces de porcelaine contre l'action des cendres et de la fumée pendant leur cuisson, on les enferme dans des cylindres en argile réfractaire qu'on appelle *cazettes*, on empile ensuite les cazettes les unes au-dessus des autres dans les fours, dont

A A

Fig. 27. — Schéma d'un four pour la cuisson de la porcelaine.

on mure les portes. On fabrique les cazettes dans l'usine même, et on les cuit souvent dans le troisième étage du four, qui est le moins chauffé.

La cuisson de la porcelaine dure environ quarante heures; quand elle est achevée, on laisse le four se refroidir lentement (il faut un ou deux jours pour son refroidissement complet) ; puis, on enlève les briques réfractaires qui murent les portes, et l'on procède au défournement.

5° *Décoration de la porcelaine.* — On décore la porcelaine en recouvrant sa surface de couleurs mêlées à des matières vitrifiables qui, en fondant par la cuisson, fixent la couleur sur la porcelaine et la rendent inaltérable. Les couleurs sont généralement des oxydes métalliques, broyés et délayés dans de l'essence de térébenthine. Quelques-unes sont appliquées sur la porcelaine dégourdie; elles ont une grande solidité et un vif éclat ; mais on ne peut employer de cette façon que les couleurs de grand feu, celles qui supportent sans s'altérer la température nécessitée par la deuxième cuisson de la porcelaine; elles sont formées d'oxyde de cobalt (bleu de Saxe), d'oxyde de chrome (vert), etc. Quelques-unes ont une grande importance industrielle : ainsi le bleu de Sèvres est obtenu avec des couleurs de grand feu. Le plus souvent les couleurs sont appliquées sur les pièces qui ont subi les deux cuissons, et elles sont ensuite chauffées dans un fourneau, dit fourneau à moufle : c'est une grande cavité en briques réfractaires, chauffée sur tout son pourtour par la flamme d'un foyer ; on élève plus ou moins la température suivant que les couleurs sont plus ou moins résistantes à la chaleur. Ces couleurs sont dites couleurs de moufle.

127. Grès cérames.

Les grès sont durs et imperméables comme la porcelaine; mais ils ne sont pas translucides, et la pâte est généralement colorée par de l'oxyde de fer provenant de l'argile employée, qui est moins pure que le kaolin. Le dégraissant dont on se sert est un mélange de quartz et de calcaire; le fondant est du feldspath.

Les grès se façonnent comme la porcelaine; on les cuit à une très haute température et, pendant la cuisson, on les vernit en projetant dans le four une certaine quantité de sel marin humide; le sel se vaporise, est décomposé par l'argile du grès au contact de l'eau, et donne un silicate double d'aluminium et de sodium, qui fond à la surface du grès et forme vernis.

Les grès servent à faire des terrines, des pots, des bonbonnes, etc. Les grès plus fins servent à faire des vases pour l'ornementation et de nombreux objets d'art.

B. — Poteries a pate poreuse vernissée

128. Faïences.

Les faïences se distinguent des porcelaines en ce qu'elles ne sont pas translucides et que leur pâte est poreuse : dès qu'il y a une fêlure dans une assiette de faïence, les liquides n'étant plus arrêtés par le vernis pénètrent par la fente et sont absorbés par la pâte, à laquelle ils donnent une couleur grise désagréable. La cassure d'un morceau de faïence montre que la pâte est souvent moins blanche que celle de la porcelaine.

L'argile employée pour les faïences est de l'argile plastique; le dégraissant est du quartz. Le travail de la pâte se fait comme celui de la porcelaine; mais la première cuisson a lieu à la plus haute température; la seconde ne sert qu'à faire fondre le vernis ajouté après la première. Quand la pâte est blanche, le vernis est formé de quartz, de carbonate de potassium et d'oxyde de plomb, et dans ce cas il est transparent; on obtient ainsi la faïence fine, imitant la porcelaine. Quand la pâte est colorée, on donne de l'opacité au vernis précédent en y ajoutant de l'oxyde d'étain ; la coloration de la pâte se trouve ainsi masquée.

129. Poteries communes.

Les poteries communes, marmites, casseroles de terre, etc., employées généralement comme ustensiles de cuisine, sont faites avec des argiles figulines très ferrugineuses, de la marne et du sable. Leur vernis est un silicate double d'aluminium et de plomb ; aussi est-il dangereux de laisser séjourner dans ces poteries du vinaigre ou des corps gras qui dissolvent le plomb en donnant des sels vénéneux.

C. — Poteries a pate poreuse non vernissée

130. Les terres cuites (briques ordinaires, tuiles, pots à fleurs, tuyaux de drainage, etc.) sont faites avec des argiles figulines mélangées de sable, et ne sont pas vernissées. Elles sont façonnées, soit au moule, soit au tour ; les briques, par exemple, sont moulées à la main ou à la machine. Elles ne subissent qu'une seule cuisson, à une température assez peu élevée.

131. Expériences. — Faire une pâte avec de l'argile et montrer qu'on peut la façonner comme on le veut. Montrer divers échantillons d'argiles ; apprendre aux élèves à les reconnaître par les caractères suivants : elles sont rayées par l'ongle, elles happent à la langue, elles ont une odeur spéciale quand on souffle dessus. Les faire distinguer d'échantillons de calcaire et de sulfate de calcium remis sous les yeux des élèves.

S'il y a une porcelainerie dans la ville ou les environs une visite à cette usine s'impose.

CHAPITRE XVI

ARGENT

Ag = 108

PLAN

Etat naturel	Etat natif. Minerai sulfuré (*argyrose*) : accompagne parfois le minerai de plomb (plomb argentifère).
Métallurgie	1° Décomposition du sulfure par le chlorure de sodium. — Chlorure d'argent dont on précipite le métal. 2° Dissolution de l'argent dans le mercure (amalgame), puis distillation du mercure. Extraction du plomb argentifère. — Coupellation.
Propriétés	Inaltérable à l'air, — malléable, ductile, — bon conducteur de la chaleur et de l'électricité. L'hydrogène sulfuré le noircit.
Usage	Argenture par galvanoplastie. — Argenture des glaces.
Alliages	Monnaies, bijouterie.
Composés	Chlorure ou bromure d'argent employé en photographie. — Azotate d'argent utilisé pour l'argenture des glaces.

132. État naturel.

L'argent se rencontre à l'état natif [Pérou, Rongsberg (Norvège)], mais on le tire le plus souvent de divers minerais, dont le plus répandu est le sulfure d'argent (ou *argyrose*). On l'extrait aussi de certains minerais de cuivre ou de plomb avec lesquels il est mélangé (galènes argentifères).

133. Métallurgie.

L'extraction du sulfure de l'argent comprend plusieurs traitements présentant deux phases :

1° On décompose le sulfure par du chlorure de sodium : il se forme du chlorure d'argent dont on précipite le métal à l'aide de lame de fer ;

2° On réunit tout l'argent précipité en le dissolvant dans du mercure (§ 32), puis on distille le mercure recueilli : l'argent reste.

Dans le traitement des plombs argentifères, lorsque par suite d'opérations spéciales (§ 103) on est parvenu à enrichir le plomb à 2 0/0 d'argent, on le fond dans un four spécial ou *coupelle*, en faisant passer par des tuyères T et T' (*fig.* 28) un violent courant d'air. Tout le plomb s'oxyde et forme du massicot ou de la litharge. L'argent, resté inaltéré, est recueilli. C'est le procédé de *coupellation*.

134. Propriétés.

L'argent est un métal blanc qui fond vers 1.000°, sa densité est 10,5. Il est susceptible de prendre un beau poli.

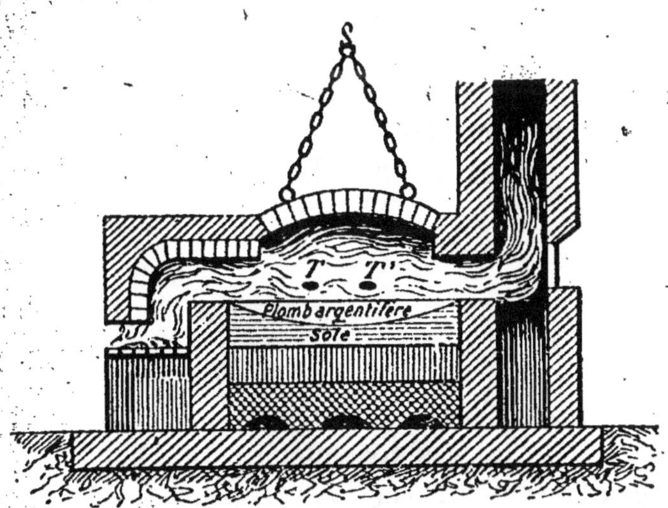

Fig. 28. — Procédé de la coupellation.

Sa malléabilité et sa ductilité sont très grandes : on peut le réduire en feuilles de $\frac{1}{400}$ de millimètre d'épaisseur et avec une pièce de 2 francs on pourrait faire un fil de près de 20 kilomètres de long.

L'argent est bon conducteur de la chaleur et de l'électricité. Il est inaltérable à l'air, mais l'hydrogène sulfuré le noircit.

L'acide azotique l'attaque à froid en formant de l'azotate d'argent.

135. Usages.

L'argent n'est pas très dur et s'userait vite par le frottement; aussi, pour cette raison, ne l'emploie-t-on pas ordinairement seul.

On l'allie le plus souvent au cuivre dans des proportions qui varient avec la nature des objets.

On utilise aussi l'argent pour recouvrir des objets de cuivre d'une mince couche protectrice. L'argenture s'effectue par électrolyse. Dans un bain formé d'un cyanure double de potassium et d'argent, on suspend à la cathode les objets soigneusement décapés; l'anode est formée par une lame d'argent pur.

L'argent sert aussi à argenter les glaces.

136. Alliages.

Voici la composition des divers alliages d'argent :

	argent	cuivre
Monnaie d'argent (pièces de 5 francs...	900	100
— (pièces divisionnaires).	835	165
Vaisselle et médaille..................	950	50
Bijouterie...........................	800	200

En France, la fabrication des alliages d'argent est soumise au contrôle de l'État et leur composition ne doit différer en plus ou en moins de la composition légale que d'une quantité très faible, 2 à 5 millièmes. Les objets qui ont satisfait à l'épreuve de contrôle sont poinçonnés.

137. Principaux composés de l'argent.

Les sels d'argent : chlorure, bromure, azotate, noircissent à la lumière, c'est sur cette propriété importante que repose la photographie au gélatino-chlorure ou au gélatino-bromure d'argent. Outre son usage en photographie, l'azotate d'argent est employé comme caustique et pour l'argenture des glaces.

138. Expériences. — Montrer des fils et des feuilles d'argent. Faire constater, à l'aide d'une cuiller d'argent plongée dans l'eau chande, combien l'argent est bon conducteur de la chaleur. Action de l'hydrogène sulfuré. Argenture du verre. Préparer les solutions suivantes à l'eau distillée :

A)	azotate d'argent à	4 %
B)	azotate d'ammonium	6 %
C)	potasse caustique	10 %
D)	sucre	10 %
	acide tartrique	1,2 %

Faire bouillir la solution D pendant dix minutes, laisser refroidir, ajouter 20 o/o d'alcool, puis étendre d'eau de manière à doubler le volume.

Laver avec soin la surface à argenter à l'acide azotique, à l'eau distillée, puis avec un tampon d'ouate imbibé de potasse et d'alcool.

Faire à part un mélange à parties égales des solutions A et B.

Opérer de même pour les solutions C et D.

Réunir ces deux mélanges et les verser sur la surface du verre et arrêter l'opération quand le liquide se recouvre de plaques brillantes. Jeter ce liquide, laver la surface à l'eau distillée, le sécher, puis le frotter légèrement avec une peau douce imprégnée de colcothar (rouge d'Angleterre).

A l'aide d'un papier photographique, montrer l'action de la lumière sur les sels d'argent.

CHAPITRE XVII

OR

Au = 196

PLAN

Etat naturel	Etat natif, plus ou moins disséminé dans des roches de quartz.
Métallurgie	1° *Procédés mécaniques :* broyage de la roche et séparation de l'or des sables fondée sur la grande densité du métal. 2° Dissolution dans le mercure des paillettes éparses (amalgame), puis distillation du mercure. 3° Traitement des boues par le cyanure de potassium.
Propriétés	Grande densité : 19,25 ; grande malléabilité et grande ductilité.
Usages	Dorure, par électrolyse ou mercure. Dorure à la feuille.
Alliages	Monnaies — titre 0,900 Bijouterie — — 0,920 — 0,840 — 0,750 Médailles — — 0,916
Composé	*Chlorure d'or* employé en photographie.

139. État naturel.

L'or se trouve à l'état natif, non en grandes masses, mais disséminé en petits amas de cristaux ou en grains irréguliers (*paillettes*, *pépites*) dans des filons de quartz ou dans des sables d'alluvions provenant de la désagrégation de ces roches.

Les principaux centres d'extraction de l'or se trouvent dans l'Afrique du Sud (Transvaal, Cap), en Amérique (Californie, Alaska), en Australie et en Europe (Oural).

140. Métallurgie.

L'extraction de l'or s'effectue à l'aide de procédés mécaniques et chimiques :

a) ***Procédés mécaniques.*** — On s'appuie sur ce fait que l'or a une grande densité. Les roches aurifères sont broyées puis lavées dans un courant d'eau circulant dans des canaux dont le plancher porte des rainures transversales. Le sable est entraîné par l'eau, tandis que l'or, plus dense, se rassemble dans les rainures.

b) Procédés chimiques. — On dissout l'or dans du mercure (amalgame), qu'on distille ensuite.

Les boues provenant des lavages contiennent encore de l'or. On les traite par une solution de cyanure de potassium, dans de grandes cuves. L'or est retiré ensuite du liquide, soit en le précipitant par des rognures de zinc, soit par l'électrolyse.

141. Propriétés.

L'or pur est d'une belle couleur jaune, sa densité est 19,25; il fond un peu au-dessus de 1.000°. C'est le plus malléable des métaux. On en fait des feuilles si minces qu'il en faut empiler plus de 10.000 les unes sur les autres pour avoir une épaisseur de 1 millimètre. Examinées par transparence, ces feuilles sont translucides et paraissent vertes.

L'or est aussi très ductile, c'est ainsi qu'on fait des fils de $\frac{1}{500}$ de millimètre.

L'or est inaltérable à l'air, à toutes les températures. Le chlore l'attaque à la température ordinaire en formant du chlorure d'or. C'est pourquoi un mélange d'acide chlorhydrique et d'acide azotique (eau régale) dissout l'or.

142. Usages.

L'or est employé en bijouterie et dans la fabrication des monnaies. Toutefois, comme l'argent, à l'état pur il ne présente pas assez de dureté, aussi lui allie-t-on une certaine quantité de cuivre qui augmente sa résistance à l'usure.

Le titre de la monnaie et de la bijouterie d'or est réglé par la loi.

Il y a différents titres suivant la nature des objets :

Monnaies		0,900
Médailles		0,916
Bijouterie	1er titre	0,920
	2e —	0,840
	3e —	0,750

L'alliage de l'or avec l'argent donne l'or jaune ou l'or vert (30 0/0 d'argent).

Dorure. — On donne aux objets métalliques, fer, laiton, etc., l'aspect et l'inaltérabilité de l'or en les recouvrant d'un mince dépôt d'or, c'est l'opération de la dorure qu'on effectue de différentes façons :

1° **Dorure au mercure.** — Ce procédé est très ancien puisqu'il était employé dans l'antiquité. Après avoir décapé le métal, on le frotte avec un amalgame composé d'une partie d'or pour huit de mercure. On chauffe ensuite la pièce sous une cheminée tirant bien, pour volatiliser le mercure. L'or reste à l'état de dépôt très adhérent qu'on polit ensuite au brunissoir.

2° **Dorure galvanique.** — On fixe l'objet à recouvrir au pôle négatif d'une cuve électrolytique contenant une dissolution de chlorure d'or et de cyanure de potassium. Le pôle positif est formé par une lame d'or.

3° **Dorure à la feuille.** — On peut dorer une foule d'objets : cuir, bois, plâtre, etc., en les recouvrant d'une mince feuille d'or dont l'adhérence est produite par un vernis spécial. C'est ainsi qu'on dore les cadres des glaces, des tableaux, les fauteuils, les lettres des enseignes, etc.

143. Chlorure d'or.

Le chlorure d'or s'obtient en dissolvant de l'or dans

l'eau régale. La dissolution évaporée laisse déposer le chlorure sous forme d'un corps brun, soluble dans l'eau et très vénéneux. On emploie ce produit en photographie; introduit dans les bains de virage pour papier, il produit à la surface de l'épreuve un léger dépôt d'or pulvérulent qui lui communique une couleur brune ou violacée agréable à l'œil.

144. Expériences. — Montrer des fils et des feuilles d'or. Action dissolvante de l'eau de chlore sur une feuille d'or. Pour enlever commodément une feuille d'or, appliquer sur elle un large pinceau plat et doux, tirer vers soi et retourner rapidement le pinceau.

Montrer du chlorure d'or. Virer une épreuve photographique, observer le changement de ton.

CHIMIE ORGANIQUE

CHAPITRE XVIII

SUBSTANCES ORGANIQUES

COMPOSITION ÉLÉMENTAIRE, ANALYSE ET SYNTHÈSE

PLAN

I
Ce qu'étudie la chimie organique
- matières organiques naturelles,
- matières organiques artificielles.
- *Tous les corps qu'elle étudie renferment du carbone.*

II
Analyse des matières organiques

- **1° Analyse immédiate**
  - *But :* séparer les matières organiques qui sont agglomérées dans un même tissu.
  - *Procédés employés*
    - *mécaniques :* compression.
    - *physiques :* lavage, diffusion, refroidissement, dissolution.
    - *chimiques :* combinaison avec un acide ou une base.
- **2° Analyse élémentaire**
  - a) *But :* chercher la nature et les proportions des corps simples qui constituent une matière organique.
  - b) *Principe* : Il est le même pour presque toutes les substances organiques, parce que presque toutes ne renferment guère que C, H, O, Az ou seulement quelques-uns de ces éléments.
  - c) Analyse d'une *matière non azotée*
    - Dosage du carbone et de l'hydrogène : on dose le carbone à l'état de gaz carbonique et l'hydrogène à l'état de vapeur d'eau.
    - Dosage de l'oxygène par différence.
  - d) Analyse d'une *matière azotée*
    - Dosage du carbone et de l'hydrogène comme précédemment,
    - Dosage de l'azote à l'état libre ou à l'état de gaz ammoniac.
    - Dosage de l'oxygène par différence.

III
Détermination de la formule d'un composé organique
- L'analyse permet de déterminer la *composition centésimale du corps ;* on en déduit sa formule

145. Ce qu'étudie la chimie organique.

La chimie organique étudie :

1° Les matières qui, par leur agglomération, constituent les tissus animaux et végétaux ; on les désigne sous le nom de matières organiques naturelles, exemples : l'acide citrique du jus de citron, le sucre du lait, l'albumine du blanc d'œuf.

2° Des composés organiques qui n'existent pas à l'état naturel, mais qu'on peut obtenir artificiellement, tels que le chloroforme, la nitro-benzine. Ce sont les composés organiques artificiels.

Toutes ces substances organiques, naturelles ou artificielles, renferment du carbone, de sorte qu'on peut dire que *la chimie organique est l'étude des composés du carbone.*

146. Analyse immédiate.

Les matières organiques existent rarement isolées dans les tissus animaux ou végétaux; presque toujours elles sont mélangées entre elles et parfois à des sels minéraux (phosphate de calcium des os, silice des graminées, etc.). Le lait, par exemple, renferme, outre de l'eau et des sels minéraux, les matières organiques suivantes : caséine, matière grasse, sucre de lait ou lactose, albumine. La pomme de terre renferme : de la fécule, de la cellulose, de l'albumine, des citrates, etc. Séparer les substances organiques les unes des autres, de façon à les obtenir à l'état de pureté, tel est le but de l'**analyse immédiate**; les substances organiques ainsi isolées portent le nom de **principes immédiats.**

Cette analyse est souvent difficile, parce qu'il ne faut pas altérer les principes immédiats en les isolant. Elle comporte des procédés variés; on emploie quelquefois des actions **mécaniques** : par *compression*, on extrait les huiles contenues dans les graines oléagineuses.

Le plus souvent ce sont des procédés physiques qui sont appliqués : action de l'eau, du froid, de la chaleur, de dissolvants neutres. Ainsi, en *lavant* la farine sous un mince filet d'eau, on la sépare en amidon qui est entraîné par l'eau, et en gluten, matière élastique qui reste (*fig.* 29) ; par *osmose*, on sépare l'albumine du sucre dans la betterave. En *refroidissant* de l'huile d'olive, on isole la margarine, solide, de l'oléine qui est liquide. Si la matière à analyser contient des principes inégalement volatils, on les sépare par *distillation fractionnée* : c'est ainsi que l'alcool peut se séparer de l'eau et d'autres alcools moins volatils que lui. La propriété qu'ont certains liquides, alcool, éther, sulfure de carbone, etc., de *dissoudre* quelques principes immédiats sans les altérer, permet de les employer pour effectuer certaines analyses immédiates ; c'est ainsi que le tanin s'extrait de la noix de galle au moyen de l'éther.

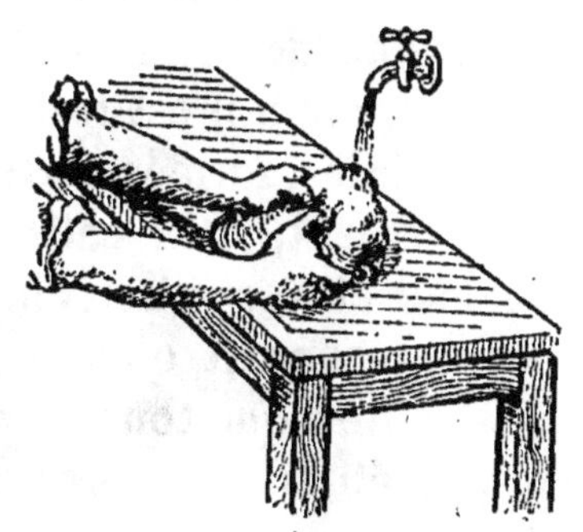

Fig. 29. — Analyse immédiate de la farine.

Enfin, on emploie quelquefois des procédés chimiques : combinaison d'un des principes immédiats avec un acide étendu s'il est basique, avec une base étendue s'il est acide ; il ne reste plus qu'à isoler ce principe de la combinaison formée. Ainsi se retirent quelques alcaloïdes des végétaux qui les contiennent.

Il faut remarquer que souvent ce n'est pas un seul de ces procédés, mais plusieurs, qui sont appliqués dans l'analyse immédiate d'un même corps. Supposons qu'on veuille faire celle de la pomme de terre. Après avoir râpé quelques tubercules dans un linge, on malaxe la pulpe sous un filet d'eau. Cette eau passe d'abord trouble, puis de plus en plus claire ; recueillie et abandonnée dans un vase, elle laisse déposer de la *fécule* qu'on peut séparer par décantation ou filtration. Le liquide restant est chauffé à l'ébullition, et l'*albumine* qu'il contient se coagule ; si, après avoir enlevé cette albumine, on ajoute au liquide un sel de plomb, il se forme un précipité de citrate de plomb, ce qui prouve que la pomme de terre renfermait de l'acide citrique ou des *citrates;* enfin il est resté dans le linge les débris des parois des cellules, formés surtout de *cellulose*. On a appliqué successivement, pour cette analyse, le lavage, l'action de la chaleur et une action chimique.

On reconnait qu'une analyse immédiate est terminée, c'est-à-dire que tous les principes immédiats sont bien isolés, en étudiant les propriétés physiques des corps obtenus. Ainsi, un corps qui fond et dont la température reste invariable pendant toute la durée de la fusion, sera un composé unique et défini ; de même, un corps dont la température reste constante pendant toute la durée de l'ébullition, un corps qui cristallise et dont tous les cristaux appartiennent au même système, seront des composés définis.

147. Analyse élémentaire.

Lorsqu'un principe immédiat est isolé, pour en connaître la composition, il faut en faire l'**analyse élémentaire**. Cette analyse consiste à chercher la **nature** et les **proportions** des corps simples qui entrent dans la composition d'une substance organique. Or, tous les composés organiques *naturels* sont formés d'un petit nombre d'éléments, en général quatre au plus, toujours les mêmes : le **carbone**, l'**hydrogène**, l'**oxygène**, l'**azote** (il existe parfois, mais très rarement, du soufre et du phosphore). Ce qui fait l'infinie variété de ces corps, c'est donc surtout la différence dans les proportions des éléments qui les composent.

S'il s'agit de composés organiques artificiels, on trouve souvent, outre les corps simples précédents, du chlore, du brome, de l'iode.

A cause du petit nombre d'éléments entrant dans la composition des matières organiques, il y a une différence entre l'analyse organique et les analyses de la chimie minérale. Tandis qu'en chimie minérale il nous fallait employer un procédé particulier d'analyse pour chaque corps, en chimie organique toutes les analyses élémentaires peuvent se faire d'après un petit nombre de méthodes. Nous considérerons seulement le cas le plus fréquent, celui où la matière organique ne renferme que du carbone, de l'hydrogène, de l'oxygène, de l'azote, ou seulement quelques-uns de ces corps.

148. Principe de l'analyse élémentaire.

Si nous brûlons une masse P du corps à analyser, le carbone donne du gaz carbonique, l'hydrogène donne de la vapeur d'eau; des masses de gaz carbonique et d'eau formées, on peut déduire les masses de carbone et d'hydrogène qui ont brûlé. S'il n'y a pas d'azote, la masse de l'oxygène s'obtient immédiatement, par différence avec la masse totale. S'il y a de l'azote, il faut auparavant doser ce corps dans une autre expérience. Il est donc nécessaire de savoir reconnaître si la substance est ou non azotée; pour cela, on la chauffe avec de la potasse ou de la chaux sodée [1]; s'il se dégage de l'ammoniac, reconnaissable à son odeur, c'est que la matière contenait de l'azote.

149. Dosage du carbone et de l'hydrogène.

1° *La substance n'est pas azotée.* — Le corps destiné à brûler la matière organique est l'oxyde de cuivre, qui cède facilement son oxygène quand on le chauffe. Les matières

[1] La chaux sodée s'obtient en éteignant la chaux vive avec une dissolution de soude et en calcinant ensuite le mélange dans une capsule de porcelaine.

employées et le tube où se fait l'expérience doivent être

FIG. 30. — Tube pour l'analyse élémentaire d'une substance non azotée.

bien *desséchés* pour que la vapeur d'eau recueillie ne provienne que de l'hydrogène de la substance à analyser.

Dans un tube de verre T peu fusible (*fig.* 30), on place de l'oxyde de cuivre de **A** en **B**; un mélange de la matière à analyser et d'oxyde de cuivre de **B** en **C**; et l'on achève de

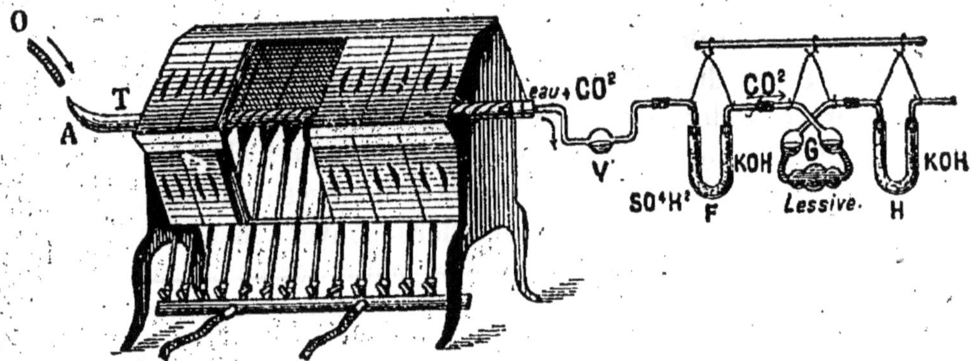

FIG. 31. — Analyse élémentaire d'une substance non azotée.

remplir le tube avec de l'oxyde de cuivre. Une des extrémités du tube peut être fermée à la lampe; l'autre communique avec une série de trois tubes (*fig.* 31) : le premier, F, renferme un corps desséchant (pierre ponce imbibée d'acide sulfurique), qui absorbera la *vapeur d'eau* formée et non condensée dans la boule de verre V qui précède; le second (tube à boules de Liebig G) renferme de la potasse dissoute, et le troisième, H, des fragments de potasse solide, pour absorber *le gaz carbonique* produit. On a soin de placer les tubes à potasse les derniers, parce que la potasse peut absorber la vapeur d'eau en même temps que le gaz carbonique. Le tube F et la boule V ont été pesés ensemble, ainsi que les tubes G et H.

Ceci posé, on chauffe le tube T sur une grille à gaz ou à charbon; si c'est une grille à gaz, on peut facilement régler la température au moyen d'une série de robinets. On commence par chauffer les parties qui renferment seulement de l'oxyde de cuivre; puis, on arrive peu à peu jusqu'à la partie BC qui renferme la matière organique. Cette substance se décompose; le carbone et l'hydrogène sont oxydés et les gaz formés passent dans la série de tubes où ils sont absorbés.

On règle la température de manière que le dégagement des gaz soit très lent, ce que l'on constate en regardant le passage des bulles dans le tube de Liebig. Quand ce dégagement a cessé, on chasse le gaz carbonique et la vapeur d'eau restés dans le tube T en y faisant arriver un courant d'oxygène pur et sec; à cet effet, avec un tuyau de caoutchouc, on établit la communication de l'extrémité A avec un gazomètre à oxygène, puis on casse la pointe avec une pince et l'on ouvre lentement le robinet du gazomètre. Quand l'oxygène se dégage par l'extrémité opposée de l'appareil, on ferme le robinet et on enlève les tubes pour les peser de nouveau.

L'augmentation de poids subie par le tube F et la boule V indique le poids de l'eau formée : p. Celui qu'ont subie les tubes G et H indique le poids du gaz carbonique formé : p'.

Le poids d'eau recueillie étant p, comme 9 grammes de vapeur d'eau renferment 1 gramme d'hydrogène, le poids p renferme :

$$p \times \frac{1}{9} \text{ grammes d'hydrogène.}$$

De même, comme 44 grammes de gaz carbonique CO^2 renferment 12 grammes de carbone ($C = 12$), la masse p' de gaz carbonique renferme :

$$p' \times \frac{12}{44} \text{ gr.} = p' \times \frac{3}{11} \text{ grammes de carbone.}$$

La différence

$$P - \left(p \times \frac{1}{9} + p' \times \frac{3}{11}\right)$$

représente le poids d'oxygène. Si cette différence est si faible qu'elle ne puisse provenir que des erreurs d'analyse, c'est que le corps ne renfermait que du carbone et de l'hydrogène.

2° *Quand la substance est azotée,* on dose de la même façon le carbone et l'hydrogène qu'elle contient ; mais on a eu soin de placer, à l'extrémité D du tube, du cuivre finement pulvérisé qui réduit les oxydes d'azote pouvant se former ; sans quoi ces oxydes seraient en partie absorbés par la potasse et l'on trouverait un nombre trop fort pour la masse d'anhydride carbonique. Il reste, par une seconde opération, à doser l'azote.

150. Dosage de l'azote.

On peut doser l'azote, soit à l'état libre, soit à l'état de gaz ammoniac.

1° *Dosage à l'état libre.* — On s'appuie sur ce fait que la matière organique, chauffée avec de l'oxyde de cuivre, laisse dégager l'azote à l'état de *composés oxygénés qui peuvent être réduits par du cuivre et donner l'azote libre.*

En principe, il suffit donc de chauffer, dans un tube B, analogue au précédent, de l'oxyde de cuivre avec de la matière organique ; on place à la sortie du tube de la planure de cuivre pour réduire les composés oxygénés d'azote ; les gaz formés, azote, gaz carbonique, vapeur d'eau, sont recueillis dans une éprouvette sur la cuve à mercure (*fig.* 32). La vapeur d'eau s'y condense, et le gaz carbonique peut être facilement absorbé par une dissolution de potasse ; il ne reste plus qu'à mesurer le volume du gaz restant, qui est de l'azote.

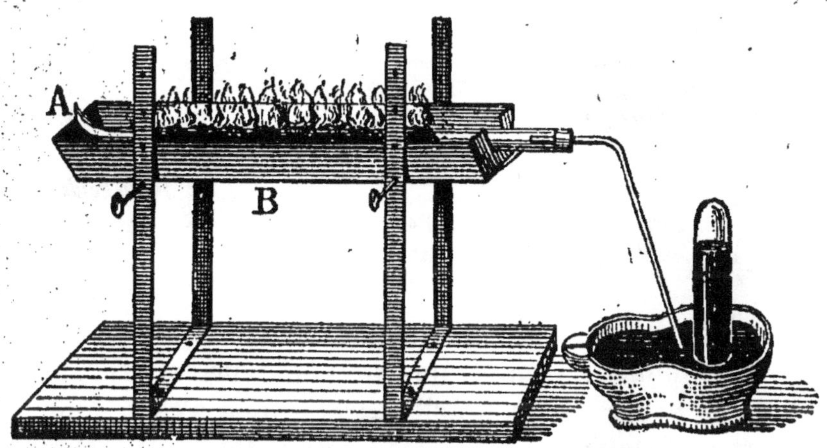

FIG. 32. — Dosage de l'azote d'une substance organique à l'état libre.

Mais, pratiquement, le tube B renfermant de l'air au début de l'expérience, l'azote de cet air, chassé par l'oxygène qui se dégage de l'oxyde de cuivre, se rend dans l'éprouvette, et son volume s'ajoute à celui de l'azote qui provient de la matière à analyser; on obtient par suite un résultat inexact. Pour remédier à cet inconvénient, on réalise l'expérience dans une atmosphère de gaz carbonique, et non dans de l'air. A cet effet, on place en A, à l'entrée du tube, une substance capable de dégager par la chaleur du gaz carbonique ; c'est le plus souvent du bicarbonate de sodium.

2° *Dosage à l'état de gaz ammoniac.* — La méthode précédente pour le dosage de l'azote est une méthode générale. Il en existe une autre, dite à la **chaux sodée**, qui ne peut s'appliquer qu'aux matières organiques ne renfermant pas d'azote à l'état d'oxyde. Lorsqu'on chauffe ces matières avec de la chaux sodée, tout l'azote se dégage à l'état de *gaz ammoniac*, qu'on peut recueillir dans un tube à boules (*fig.* 33) renfermant une dissolution titrée d'acide sulfurique[1]. En titrant la dissolution après l'expérience, on trouve le poids d'acide sulfurique qui s'est combinée à l'am-

Fig. 33. — Dosage à l'état d'ammoniac de l'azote d'une matière organique.

moniaque, et par suite le poids de l'ammoniaque formé, soit p. Comme la formule de l'ammoniaque est AzH^3, et que $Az = 14$ et $H = 1$, on a $AzH^3 = 17$; donc 17 grammes de ce gaz renferment 14 grammes d'azote. Par suite une masse p d'ammoniaque renferme

$$p \times \frac{14}{17} \text{ grammes d'azote.}$$

L'opération se fait dans un tube analogue à celui qu'on emploie pour le dosage du carbone et de l'hydrogène.

Dans toutes ces analyses, quand la matière organique est liquide, on l'introduit dans une ampoule de verre mince qui est placée au milieu du tube où se fait l'expérience (*fig.* 34). Puis on procède comme pour une substance solide; mais on détermine au préalable la rupture de l'ampoule par une brusque élévation de température. Quand la ma-

[1] On appelle solution titrée d'un corps une solution renfermant par litre une masse déterminée de ce corps. La solution employée dans l'expérience ci-dessus renferme par litre un demi-poids moléculaire SO^4H^2, soit 49 grammes d'acide.

tière organique est gazeuse, on en fait passer un volume connu sur l'oxyde de cuivre chauffé.

FIG. 34. — Tube pour l'analyse d'une matière organique liquide.

151. Détermination de la formule d'un composé organique.

L'analyse élémentaire nous a fait trouver les proportions des corps simples qui entrent dans un composé organique. On peut, partant de ces résultats, établir la formule de ce composé.

Supposons qu'on ait analysé l'acide acétique et qu'on ait trouvé que 2 grammes de ce corps renferment 0gr,8 de carbone, 0gr,13 d'hydrogène et 1gr,07 d'oxygène. On en déduit facilement la composition centésimale de l'acide acétique : 100 grammes de cet acide renferment 40 grammes de carbone, 6gr,5 d'hydrogène et 53gr,5 d'oxygène. Sachant que : C = 12; H = 1; O = 16, le rapport des poids trouvés aux poids atomiques correspondants est :

$$\frac{40}{12} = 3,3; \quad \frac{6,5}{1} = 6,5; \quad \frac{53,5}{16} = 3,3.$$

Cela nous indique que les nombres d'atomes de carbone, d'hydrogène et d'oxygène qui entrent dans la formule des composés sont entre eux comme les nombres 3,3; 6,5 et 3,3 ou mieux comme les nombres 1; 2 et 1, puisque nous savons que les atomes entrent toujours un nombre entier de fois dans les formules. Donc, la formule de l'acide acétique peut être CH^2O ; mais elle peut tout aussi bien être $C^2H^4O^2$, ou d'une manière générale $C^nH^{2n}O^n$. Il nous reste donc à déterminer n. Or, nous savons (1re *année*, § 52) que la formule d'un corps composé *doit correspondre à ses propriétés chimiques*. Cherchons donc parmi les formules possibles de l'acide acétique celle qui répond le mieux à ses propriétés chimiques. Cet acide est une seule fois acide, car, avec l'argent qui est univalent, il ne donne qu'un seul acétate ; la formule de cet acétate ne doit donc contenir que 1 atome d'argent, soit 108 grammes, car Ag = 108. Cela posé, si nous calcinons un poids connu d'acétate d'argent pour isoler l'argent, nous trouvons que, pour 108 grammes d'argent, il y a en tout 167 grammes d'acétate. Le poids moléculaire de l'acétate d'argent est donc 167, et comme il ne diffère de celui de l'acide acétique que par le remplacement de 1 atome d'hydrogène par 1 atome d'argent, le poids moléculaire de l'acide acétique est :

167	−	108	+	1	=	60
Poids moléculaire de l'acétate d'argent		Poids atomique de l'argent		Poids atomique de l'hydrogène		Poids moléculaire de l'acide acétique

Il ne nous reste plus qu'à chercher quelle est, de toutes les formules possibles de l'acide acétique, celle qui correspond à un poids moléculaire égale à 60. On trouve que c'est :

$$C^2H^4O^2 = 24 + 4 + 32 = 60.$$

On peut ainsi, par la considération des propriétés chimiques, déterminer la formule de presque tous les composés organiques.

Lorsque le corps est volatil, on trouve plus simple de choisir sa formule en s'appuyant sur ce que :

Le poids moléculaire d'un corps gazeux, ou vaporisable sans décomposition, est égale à sa densité de vapeur $\times$ 28,8 (1re *année*, § 59).

Supposons qu'on ait analysé la benzine et qu'on ait trouvé que 100 grammes de benzine renferment 92gr,3 de carbone et 7gr,7 d'hydrogène. Le rapport de ces poids aux poids atomiques correspondants est :

$$1^o \ \frac{92,3}{12} = 7,7; \qquad 2^o \ \frac{7,7}{1} = 7,7.$$

Les nombres d'atomes de carbone et d'hydrogène entrant dans la formule sont donc entre eux comme 7,7 est à 7,7, c'est-à-dire qu'ils sont égaux; et la formule la plus simple de la benzine est CH. Mais la formule peut tout aussi bien être C^2H^2, C^3H^3, ..., C^nH^n. Il faut choisir n de telle sorte que cette valeur corresponde au poids moléculaire de la benzine. La densité *de vapeur* de la benzine étant 2,74, son poids moléculaire est :

$$28,8 \times 2,74 = 78,9,$$

nombre très voisin de 13×6. Donc la formule de la benzine est :

$$C^6H^6 = (12 \times 6) + (1 \times 6).$$

152. Expériences. — Faire l'analyse immédiate de la pomme de terre et celle de la farine (pour celle de la farine il faut faire une boulette de pâte en mettant très peu d'eau pour que la pâte soit ferme. Puis on verse de l'eau peu à peu sur cette boulette, on la presse légèrement entre les doigts, et l'on recueille dans une terrine l'eau qui s'en écoule chargée d'amidon. En répétant assez de fois l'expérience, il arrive un moment où l'eau sort limpide, et où il ne reste plus entre les doigts que le gluten).

Analyse élémentaire qualitative. — Chauffer de l'*amidon* dans un tube à essai; de la vapeur d'eau se dégage et il reste un résidu de charbon. Donc l'amidon renferme du *carbone* et de l'*hydrogène*; il renferme aussi de l'*oxygène*. — Chauffer de l'amidon avec un petit fragment de potasse dans un tube à essai; il n'y a pas dégagement d'ammoniac, car on ne sent pas l'odeur caractéristique de ce gaz, et un papier de tournesol rougi placé à l'ouverture du tube ne bleuit pas. Donc l'amidon ne *renferme pas d'azote*.

Au contraire, faisons la même expérience avec le gluten obtenu dans l'analyse immédiate de la farine; ou avec du pain, de la laine, etc. Le papier de tournesol devient bleu. Donc il s'est dégagé de l'ammoniac, ce qui prouve que ces corps renfermaient de l'azote.

Faire brûler de la laine; on sent une odeur de corne brûlée, due à ce que la laine renferme de l'azote. — Le coton, qui ne renferme pas d'azote, brûle sans odeur. C'est un moyen de distinguer un tissu de laine d'un tissu de coton.

CHAPITRE XIX

CARBURES D'HYDROGÈNE

MÉTHANE. — PÉTROLES

PLAN

- **I Méthane**
  - **1. État naturel.** — Marais, mines de houille. Existe dans le gaz d'éclairage.
  - **2. Propriétés.** — Avec l'*oxygène*, *combustion* : formation de gaz carbonique et de vapeur d'eau. Mélange détonant avec l'air, *conséquence* : explosion de grisou dans les mines.
  - **3. Préparation.** — On décompose par la chaleur l'acide acétique, ou mieux l'acétate de sodium mélangé à de la chaux sodée.
  - **4. Usages.** — *Combustible* (cuisson des poteries, combustion du gaz d'éclairage).
- **II Pétroles**
  - **1. État naturel**
    - *Pétroles d'Amérique* : carbures forméniques.
    - *Pétroles du Caucase* : carbures benzéniques et carbures forméniques.
  - **2. Extraction.** — Puits creusés dans le sol. Pompes amenant le liquide à la surface.
  - **3. Distillation.** Produits recueillis.
    - 1° *Carbures gazeux* : employés pour le chauffage de l'appareil.
    - 2° *Éthers de pétrole* : Usages : Anesthésique. Moteurs à pétrole.
    - 3° *Essence de pétrole* : Très inflammable. Emploi dans l'éclairage, dans les moteurs à pétrole.
    - 4° *Huile de pétrole* : S'enflamme au-dessus de 35°. Emploi dans l'éclairage.
    - 5° *Huiles lourdes* : *Huile lourde* proprement dite, graissage des machines. *Paraffine*. *Vaseline*.
    - 6° *Goudrons et coke*.

153. Généralités sur les carbures d'hydrogène.

Les carbures d'hydrogène sont les moins complexes des composés du carbone, ils sont uniquement formés en effet de carbone.

MÉTHANE OU FORMÈNE

Formule : CH^4. — Poids moléculaire : 16

154. État naturel.

Le *méthane, formène* ou *gaz des marais*, se produit dans la décomposition lente des végétaux sous l'eau ; cela explique qu'il s'en dégage des eaux stagnantes et de la vase des marais au fond desquels ont lieu ces décompositions. C'est pourquoi aussi il s'en dégage de la houille. Le méthane forme dans les mines, avec l'air, un mélange détonant connu sous le nom de *grisou*. Il entre pour une notable proportion dans la composition du gaz d'éclairage, obtenu par distillation de la houille.

Enfin, le méthane se dégage des sources de pétrole, et, dans certaines régions (Dauphiné, Toscane, Perse), il sort du sol d'une façon continue.

155. Propriétés.

Le méthane est un gaz incolore, inodore. Son poids moléculaire étant $12 + 4 = 16$, sa densité, par rapport à l'air, est $\frac{16}{28,8} = 0,55$; c'est donc un gaz plus léger que l'air. Il est très peu soluble dans l'eau et se liquéfie difficilement.

Propriétés chimiques.

Le méthane est un gaz **combustible** : si l'on approche un corps enflammé de l'ouverture d'une éprouvette pleine de ce gaz, il brûle avec une flamme jaunâtre peu éclairante, en donnant du gaz carbonique et de la vapeur d'eau, et en dégageant une grande quantité de chaleur :

$$CH^4 + 4O = CO^2 + 2H^2O. \qquad (1)$$

Avec l'oxygène, il constitue un **mélange détonant** : c'est ainsi que le mélange de ces deux gaz fait dans les proportions indiquées par la formule (1), c'est-à-dire en prenant 2 volumes de méthane pour 4 d'oxygène, détone avec une grande violence quand on en approche un corps enflammé; il y a encore combustion, avec formation de gaz carbonique et de vapeur d'eau.

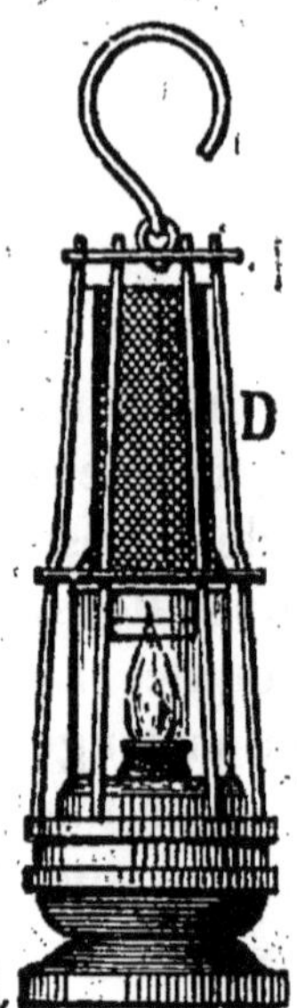

Fig. 35. Lampe Davy perfectionnée.

Un phénomène analogue se passe dans les mines, lors des explosions de grisou; le méthane qui s'est dégagé des parois de la mine forme avec l'air un mélange explosif, qui détone à l'approche d'une flamme; les mineurs peuvent être projetés contre les parois de la mine, ensevelis sous les décombres ou empoisonnés par l'oxyde de carbone résultant d'une combustion incomplète du méthane. Les lampes de sûreté (*fig.* 35) permettent d'éviter la plupart de ces explosions[1].

150. Préparation.

Le méthane ne se prépare que dans les laboratoires; on

(1) A ce sujet, il convient de signaler une importante découverte faite récemment par un ingénieur français.

M. Taffanel, directeur de la station d'essais de Liévin (Pas-de-Calais), vient d'indiquer, au cours du Congrès international minier de Düsseldorf (1910), le moyen d'empêcher les explosions de grisou de se produire et de se propager.

Une explosion ne se propage pas si, entre le point où elle a lieu et le reste de la mine, existe une zone dans laquelle l'air renferme en suspension des poussières de schiste en abondance. Si on place à la partie supérieure de la galerie quelques planches recouvertes de 10 centimètres de schistes menus trouvés sur place, une explosion venant à se produire renverse les schistes et forme instantanément une zone neutre qui arrête sa propagation. On obtient le même résultat en remplaçant ces planches par des bacs pleins d'eau que l'explosion fait culbuter.

Cette découverte a été confirmée par des expériences nombreuses et probantes.

décompose l'acide acétique par la chaleur :

$$CH^3-COOH = CH^4 + CO^2.$$

acide acétique — méthane — gaz carbonique

Au lieu d'acide acétique, on emploie ordinairement de l'*acétate de sodium*. Chauffé avec de la soude dans une cornue (*fig.* 36), le méthane se dégage et du carbonate de sodium reste dans l'appareil. Seulement, la soude ayant l'inconvénient de fondre et d'attaquer le verre, on la remplace par de la chaux sodée.

157. Usages.

Le méthane étant combustible est employé dans les pays où il se dégage des fissures du sol, pour la cuisson des

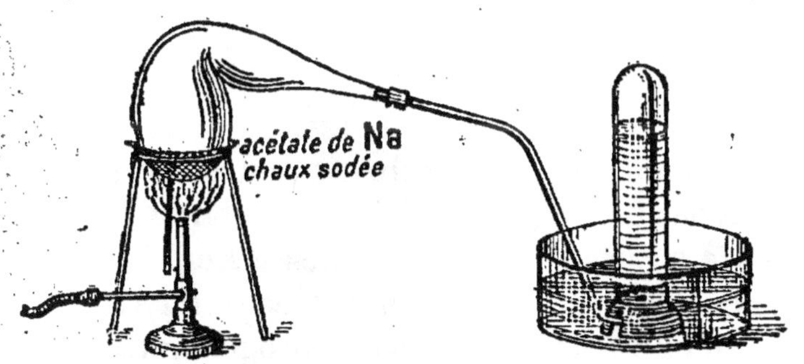

Fig. 36. — Préparation du méthane.

poteries ; le gaz d'éclairage est formé en grande partie de méthane.

158. Série des carbures forméniques.

Le méthane est le type de toute une série de corps formés de carbone et d'hydrogène, différant du méthane par un nombre entier de fois CH^2, et s'en rapprochant beaucoup par leurs propriétés chimiques.

Tous ces corps forment une série homologue qu'on appelle série des carbures forméniques. Elle comprend une trentaine de carbures :

Le *méthane* CH^4;

L'*éthane* C^2H^6;
Le *propane* C^3H^8;
Le *butane* C^4H^{10};
Le *pentane* C^5H^{12}, etc.

A ce groupe appartient aussi la *paraffine*. La formule d'un carbure contenant n atomes de carbone sera :

$$C^nH^{2n+2}$$

Ces carbures diffèrent entre eux par leurs propriétés physiques; les premiers de la série sont gazeux (méthane, éthane, etc.), les suivants sont liquides (pentane, hexane, etc.), et la paraffine est solide. Leur point d'ébullition s'élève à mesure qu'on avance dans la série. Ces corps sont en général des produits naturels, dont la plupart se rencontrent dans les pétroles d'Amérique.

PÉTROLES

159. Les pétroles, appelés aussi *huiles de pierre*, *huiles minérales* ou *huiles de naphte*, sont des liquides inflammables qui existent en abondance dans le sol de certaines régions : la Pensylvanie, la Perse, Java, les bords de la mer Caspienne, sont les principaux centres de production.

Ce sont des mélanges variables de carbures d'hydrogène *de la série forménique*. Les pétroles d'Amérique sont formés uniquement de ces carbures ; ceux du Caucase renferment en outre des carbures d'hydrogène analogues aux carbures benzéniques.

160. Extraction du pétrole.

Le pétrole se trouve généralement dans de vastes poches closes, où l'on trouve superposés : de l'eau salée, des huiles minérales, des carbures gazeux comprimés au-dessus du liquide. Parfois la pression de ces gaz suffit à faire jaillir le liquide à la surface du sol (*fig.* 37). Mais le plus souvent on creuse des puits permettant d'arriver jusqu'à la nappe de pétrole, et on amène le liquide à la surface au moyen de pompes.

On recueille ainsi le *pétrole brut*, liquide huileux, brun

foncé, à reflets fluorescents, et dont la densité varie de 0,78 à 0,92. Il est parfois employé à cet état comme combustible, sur les lieux mêmes d'extraction; mais il donne en brûlant une fumée épaisse. Presque toujours il est soumis à une distillation fractionnée, pour séparer les uns des autres les carbures inégalement volatils qui entrent dans sa composition.

Fig. 37. — Extraction du pétrole.

161. Distillation du pétrole brut.

La distillation s'opère dans de grandes chaudières de tôle, pouvant contenir jusqu'à 4.000 hectolitres de liquide, et chauffées à feu nu.

Il se dégage d'abord des carbures gazeux, tels que le méthane, qui sont recueillis et servent en partie au chauffage de la chaudière.

Puis il passe à la distillation des produits qui se condensent par refroidissement. En chauffant graduellement à des températures de plus en plus élevées, on fait distiller des carbures de moins en moins volatils, que l'on condense à part. On obtient ainsi successivement les produits suivants :

1° Entre 45 et 70°, des produits très inflammables, très dangereux à manier, constituant les éthers de pétrole. Ils sont incolores, odorants, très légers ($d = 0,65$). On les emploie dans les moteurs à pétrole, mélangés à de l'essence. Ils servent parfois comme anesthésiques, à cause du froid considérable produit par leur évaporation.

2° Entre 75 et 120°, on recueille l'essence de pétrole, ou essence minérale ; c'est un liquide émettant des vapeurs à la température ordinaire, *très inflammable aussi*, et ne devant par suite être employé qu'avec grande précaution. Lorsqu'on s'en sert pour l'éclairage, il doit être brûlé dans des lampes spéciales dans lesquelles l'essence, au lieu d'être libre, imprègne une matière spongieuse. Il n'y a ainsi aucun danger d'incendie. — Lorsqu'on manie l'essence, il faut toujours se placer très loin d'une flamme, car les vapeurs qui se dégagent pourraient s'enflammer et mettre le feu aux objets environnants. Une grande quantité d'essence est employée dans les moteurs, car ses vapeurs forment avec l'air un mélange détonant. L'essence est un dissolvant des corps gras, elle sert à dégraisser les tissus.

3° Les produits distillés entre 120 et 280°, constituent **l'huile lampante** ou **huile de pétrole**, qui, raffinée, est vendue dans le commerce sous les noms de *pétrole*, *luciline*, *oriflamme*, etc. Bien rectifiée, elle n'émet pas de vapeurs à la température ordinaire et n'est pas dangereuse à manier. Une allumette, promenée à sa surface, ne l'enflamme pas; le pétrole rectifié ne prend feu, en effet, que s'il a été chauffé au préalable au-dessus de 35°.

Ce corps est le plus important des produits obtenus dans la distillation des pétroles. Il est surtout très employé dans l'*éclairage*, car il donne une lumière assez intense et économique. Les lampes dans lesquelles il brûle sont constituées simplement par un réservoir contenant le liquide, où plonge une mèche de coton; le pétrole monte par capillarité jusqu'à l'extrémité de la mèche où on l'enflamme. Le bec est construit de telle sorte qu'un courant d'air passe de façon continue à travers la flamme, avant de s'échapper par le verre de la lampe; cette disposition permet au pétrole de brûler sans fumée, si la lampe est bien réglée. Le pétrole étant souvent mal rectifié, *il ne faut jamais remplir une lampe à proximité d'une flamme.*

Il est dangereux aussi de remplir une lampe *aussitôt qu'elle vient d'être éteinte, et à plus forte raison pendant qu'elle est allumée*, car le réservoir peut être assez chaud pour faire enflammer le pétrole, même bien rectifié.

Le pétrole sert beaucoup aussi dans le *chauffage* domestique et industriel.

4° En élevant la température jusqu'à 400°, on obtient les huiles lourdes, qui, refroidies au-dessous de 0°, se séparent en deux parties : une partie liquide, l'huile lourde proprement dite, qui sert au graissage des machines, et est parfois employée pour le chauffage des machines à vapeur; et une partie solide, la paraffine.

La paraffine rectifiée est une substance blanche, cireuse, qui fond de 45 à 70° suivant sa composition ; c'est en effet un mélange *variable* de carbures d'hydrogène solides. Elle brûle avec une flamme éclairante et sert à faire des bougies. Mauvaise conductrice de l'électricité, elle est souvent employée comme isolant; à cause de son peu de solidité, on l'associe souvent au soufre (*diélectrine*).

5° Après la distillation des huiles lourdes, il reste dans les chaudières des goudrons fortement chauffés; ils se décomposent en carbures qu'on ajoute aux produits précédents, et en coke, employé pour le chauffage.

La vaseline s'obtient en arrêtant la distillation du pétrole avant d'avoir obtenu toutes les huiles lourdes. C'est un mélange de carbures renfermant de la paraffine. Elle est onctueuse, molle, inodore, d'un blanc plus ou moins pur. On l'emploie souvent en pharmacie pour remplacer les corps gras, car elle a sur eux l'avantage de ne pas rancir.

102. Bitume et asphalte.

Il existe dans le sol de certaines régions des roches, appelées *schistes bitumineux*, qui, par distillation, donnent des produits analogues à ceux du pétrole ; en Angleterre, ces roches sont exploitées et fournissent par distillation le *gaz portatif*, dont le pouvoir éclairant est beaucoup plus grand que celui du gaz de houille.

En France, il existe des bitumes dans l'Ain, dans le Puy-de-Dôme, etc.

L'asphalte est un bitume mou, qui se ramollit à la chaleur. Fondu et mélangé à du gravier, il est employé pour faire des trottoirs, des chaussées, etc.

163. Expériences. — Au cours d'une promenade, on pourra recueillir du formène de la vase d'un marais ou d'une eau croupie; il suffit de remuer la vase avec un bâton et de recueillir les bulles de gaz qui se dégagent dans un flacon rempli d'eau et retourné sur l'eau; un entonnoir adapté à ce flacon permet de l'emplir plus vite (*fig.* 38). — Montrer que ce gaz brûle à l'approche d'un corps enflammé.

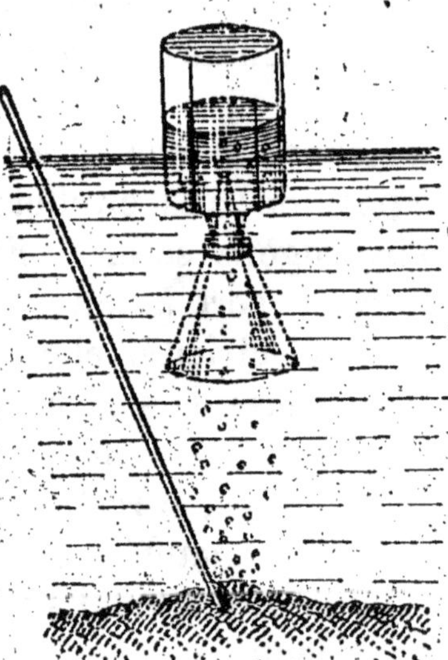

FIG. 38. — Moyen de recueillir le méthane de la vase d'un marais.

Mettre *quelques gouttes* d'essence dans une soucoupe et l'enflammer; l'inflammation se produit même à distance. Eteindre la flamme avec une large étoffe, une vieille couverture de laine par exemple. Montrer comment s'emplit une lampe à essence: il faut avoir soin, après avoir imbibé d'essence la matière spongieuse, de vider tout le liquide en excès.

— Enlever une tache de graisse avec de l'essence. Insister sur le danger qu'il peut y avoir à nettoyer des gants à l'essence en les plaçant sur la main.

— Montrer que le pétrole ne s'enflamme pas au contact d'une allumette.

— Montrer aux élèves de la paraffine, de l'huile lourde, de la vaseline.

Exercices d'observation. — On pourra donner à observer une lampe à essence et une lampe à pétrole.

CHAPITRE XX

CARBURES D'HYDROGÈNE

(SUITE)

ACÉTYLÈNE

PLAN

I Propriétés physiques	Gaz incolore, odeur alliacée désagréable. Peu soluble dans l'eau.		
II Propriétés chimiques	1° Réactions dans lesquelles il est détruit	*a) combustion*	complète, mélanges détonants. incomplète, dépôt de charbon.
		b) avec le chlore, au contact d'une flamme.	

III. Synthèse de l'acétylène : Carbone et hydrogène dans l'arc électrique.

IV. Préparation : On décompose à froid le *carbure de calcium* par l'eau.

V Usages	*Eclairage :* Précautions à prendre dans son emploi, éviter les fuites de ce gaz : en cas de fuite, ventiler fortement.

ACÉTYLÈNE

Formule : C^2H^2 ou $\begin{matrix} CH \\ ||| \\ CH \end{matrix}$ ou $\begin{matrix} | \\ -CH \\ | \\ -CH \\ | \end{matrix}$. Poids moléculaire : $12 \times 2 + 2 = 26$

164. Propriétés.

L'acétylène est un gaz incolore, d'une odeur alliacée désagréable ; il est peu soluble dans l'eau et difficilement liquéfiable ; son poids moléculaire étant 26 sa densité est :

$$\frac{26}{28,8} = 0,91.$$

Chauffé, il se transforme en carbures divers, parmi lesquels se trouve la benzine C^6H^6 (*fig.* 39). Il s'unit directement à l'hydrogène, par l'action de la chaleur, et donne de l'éthylène puis de l'éthane. Cette réaction permet de faire la synthèse de carbures à partir de l'acétylène.

FIG. 39. — Transformation de l'acétylène en benzine.

Combustion. — L'acétylène brûle *avec une flamme blanche très éclairante*, un peu fuligineuse si la quantité d'air est insuffisante. Il se forme dans le premier cas du gaz carbonique et de la vapeur d'eau (1) et dans le second, du charbon et de la vapeur d'eau (2) :

$$C^2H^2 + 5O = 2CO^2 + H^2O, \quad (1)$$
$$C^2H^2 + O = 2C + H^2O. \quad (2)$$

Le mélange de 2 volumes d'acétylène et 5 volumes d'oxygène (1) détone violemment au contact d'une flamme.

165. Synthèse.

L'acétylène est le seul carbure d'hydrogène qu'on puisse former par l'union directe du carbone et de l'hydrogène. Le grand chimiste français Berthelot a réalisé cette synthèse en 1848. On fait passer un courant d'hydrogène dans une ampoule de verre traversée par deux charbons des cornues entre les pointes desquels jaillit l'arc électrique (*fig.* 40). L'acétylène produit passe dans un flacon renfermant une dissolution *ammoniacale de chlorure cuivreux ;* il se forme un précipité rouge brique d'acétylure de cuivre, caractéristique de l'acétylène.

166. Préparation.

Dans l'industrie, on prépare l'acétylène en décomposant à froid le *carbure de calcium par l'eau* :

$$\underset{\text{carbure de calcium}}{CaC^2} + \underset{\text{eau}}{2H^2O} = \underset{\text{acétylène}}{C^2H^2} + \underset{\text{chaux}}{Ca(OH)^2}.$$

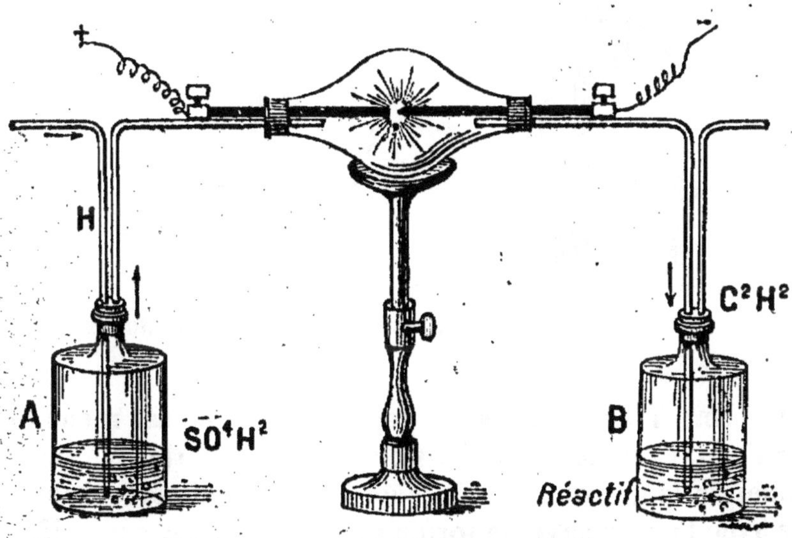

FIG. 40. — Synthèse de l'acétylène.

(En A, flacon contenant de l'acide sulfurique pour dessécher l'hydrogène; en B, réactif de l'acétylène.)

Le carbure de calcium est une matière solide, d'un gris jaunâtre, qu'on obtient en chauffant au four électrique un mélange de chaux vive et de charbon; une partie du carbone forme de l'oxyde de carbone avec l'oxygène de la chaux; l'autre partie se combine au calcium. Cette réaction a été étudiée en première année à propos du carbone.

Dans les laboratoires, on peut aussi décomposer le carbure de calcium par l'eau. On met de l'eau dans un flacon fermé par un bouchon percé de deux trous (*fig.* 41); dans l'un d'eux passe le tube abducteur, dans l'autre passe un large tube droit (morceau de tube à essai), fermé en *a* par un bouchon et qui plonge dans l'eau. On introduit par ce tube de petits fragments de carbure de calcium, puis on

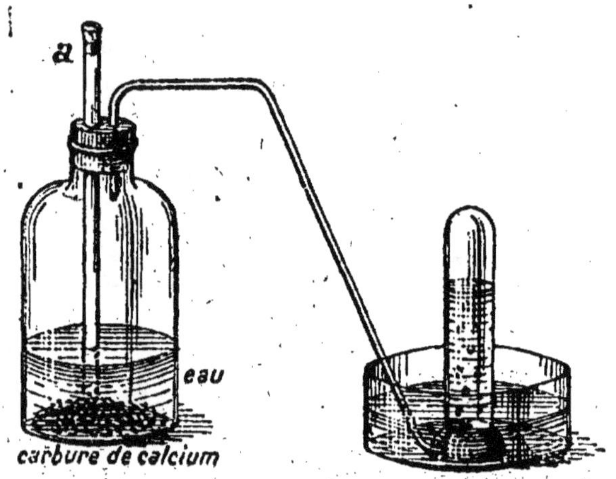

Fig. 41 — Préparation de l'acétylène dans les laboratoires.

le referme. L'acétylène se dégage aussitôt et est recueilli sur l'eau. Comme avec l'hydrogène, il faut attendre pour recueillir le gaz que tout l'air de l'appareil ait été chassé, car avec l'air l'acétylène forme un mélange très explosif.

L'acétylène se forme aussi dans certaines combustions incomplètes (éther, gaz d'éclairage); on le reconnaît au précipité qu'il forme avec le chlorure cuivreux ammoniacal.

167. Usages.

Le grand pouvoir éclairant de l'acétylène, la facilité et le bon marché de sa préparation le font employer dans l'éclairage; il sert surtout pour les lanternes de bicyclettes et d'automobiles, pour l'éclairage des boutiques de forains, pour les projections lumineuses. On l'emploie aussi dans les chantiers, dans les mines, dans quelques magasins. Le consommateur peut le préparer lui-même à mesure qu'il en a besoin, ce qui est un avantage. Seulement ce gaz présente de grands dangers d'explosion (analogues à ceux du gaz d'éclairage), dangers qui étaient augmentés jusqu'à ces dernières années par l'imperfection des appareils producteurs d'acétylène.

Dès qu'on a reconnu à l'odeur une accumulation de ce gaz dans un lieu clos, il faut aérer, et se garder d'approcher avec un corps enflammé.

168. — **Expériences.** — *Acétylène.* — Le préparer comme nous l'avons indiqué. — Montrer qu'il brûle. Montrer son action sur la solution ammoniacale de chlorure cuivreux ; cette solution doit avoir été préparée tout récemment. Pour la faire soi-même, on dissout de l'oxyde cuivreux dans de l'acide chlorhydrique ; il se forme du chlorure cuivreux avec un peu de chlorure cuivrique ; on verse le tout dans l'eau ; on recueille le précipité blanc de chlorure cuivreux et on le dissout dans de l'ammoniaque.

Faire brûler de l'éther dans une éprouvette étroite contenant un peu de chlorure cuivreux ammoniacal ; ce dernier rougit par la formation d'acétylène.

CHAPITRE XXI

GAZ D'ÉCLAIRAGE

PLAN

- **I Fabrication.**
  - **1° Distillation de la houille.** — *Cornues* chauffées au rouge vif.
  - **2° Épuration physique.**
    - a) *But :* arrêter les produits condensables : sels ammoniacaux, goudrons.
    - b) *Description de l'appareil :* *barillet*, *jeu d'orgue* ou condenseur, *colonne de coke*, ou appareil à chocs.
  - **3° Épuration chimique.**
    - *But :* arrêter hydrogène sulfuré, acide cyanhydrique, gaz carbonique, etc.
    - *Matières employées :* sulfate de calcium, oxyde ferrique, sciure de bois.
    - *Résidu de l'épuration :* *bleu de Prusse.*
- **II Composition du gaz d'éclairage.** — Hydrogène, méthane. Ethylène, acétylène, benzine, oxyde de carbone. Hydrogène sulfuré.
- **III Usages.** — Éclairage. Chauffage.
  - Dangers que présente ce gaz : Explosion. Empoisonnement.

RÉSIDUS DE LA DISTILLATION DE LA HOUILLE

1° *Coke* et charbon des cornues.

2° *Eaux ammoniacales :* servent à fabriquer *ammoniaque*, *sulfate* et chlorure d'ammonium.

3° *Goudrons.*
- Huiles légères : *benzine*, *toluène*.
- Huiles moyennes : *phénol*.
- Huiles lourdes : *naphtaline*, *anthracène*.
- Brais : *asphalte artificiel*, *agglomérés*.

GAZ D'ÉCLAIRAGE

169. Chauffée en vases clos, la houille dégage des gaz combustibles. C'est un Français, Philippe Lebon, qui eut le premier l'idée d'appliquer cette propriété à l'éclairage, en 1785. Mais la flamme obtenue fumait beaucoup, éclairait mal et avait une odeur très désagréable. Aussi ce mode d'éclairage n'entra-t-il vraiment dans la pratique que beaucoup plus tard, lorsqu'on eut trouvé des moyens d'épurer le gaz; en France, il fut appliqué pour la première fois en 1816, à Paris. Actuellement, l'industrie du gaz d'éclairage est très importante, non seulement par elle-même, mais par tous les résidus de la préparation, qui fournissent un grand nombre de substances utilisées dans l'industrie.

170. Fabrication du gaz d'éclairage.

Cette fabrication comprend deux séries d'opérations :

1° Distillation de la houille;

2° Épuration du gaz obtenu.

Distillation de la houille. — On chauffe la houille dans de vastes cornues de fonte ou de terre réfractaire, en forme de demi-cylindres de 2m,50 de long environ (*fig.* 42); elles peuvent être fermées hermétiquement par une plaque de fonte que fixe une vis de pression. Ces cornues sont rangées par 7 ou 9 sur un même foyer, chauffé au coke ou mieux à l'oxyde de carbone et à l'hydrogène provenant de gazogènes. Lorsqu'on charge les cornues, elles sont portées au rouge vif, de sorte qu'une

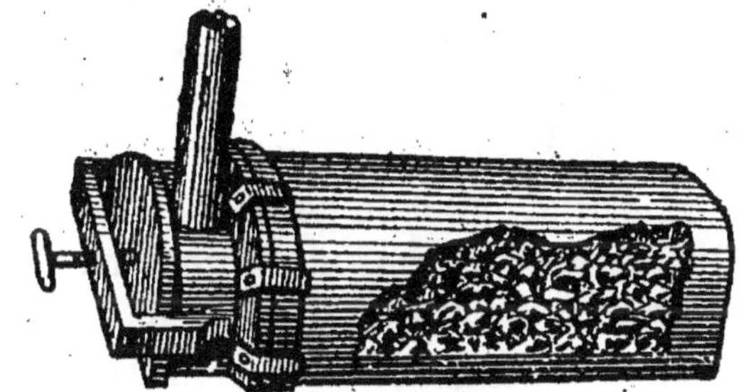

Fig. 42. — Cornue pour la préparation du gaz d'éclairage.

petite quantité de houille distille et emplit de gaz la cornue en chassant l'air ; on peut alors fermer les cornues sans crainte d'emprisonner de l'air, qui produirait avec le gaz un mélange détonant.

Le gaz se dégage par des tubes verticaux T (*fig.* 43), et il se rend dans un gros tube horizontal, le barillet B, placé le

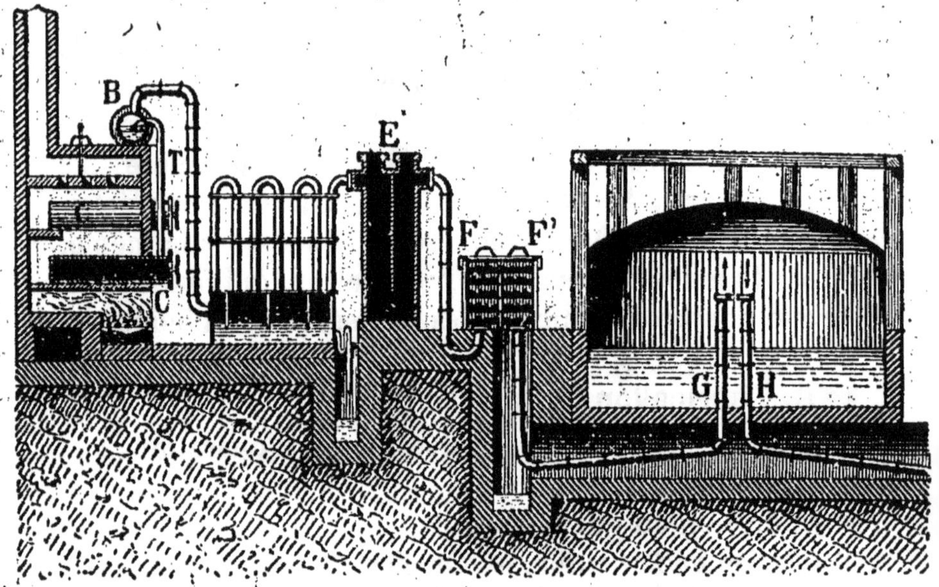

Fig. 43. — Fabrication du gaz d'éclairage.

long des fours à la partie supérieure, et à moitié rempli d'eau. Chaque tube T débouche dans l'eau du barillet, de sorte que les cornues sont séparées par cette eau de tout le reste de l'appareil. Des goudrons se condensent dans l'eau du barillet ; mais le gaz qui s'en échappe ne peut pas encore être livré à la consommation, car il renferme :

1° Des produits facilement condensables (goudrons et sels ammoniacaux) qui pourraient obstruer les tuyaux de conduite du gaz, et rendraient la flamme fuligineuse ;

2° Des produits volatils (acide sulfhydrique, acide cyanhydrique encore appelé acide prussique, etc.), qui diminueraient le pouvoir éclairant du gaz s'ils ne sont pas combustibles, ou vicieraient l'atmosphère des habitations s'ils sont délétères.

L'épuration du gaz d'éclairage comprend donc deux parties :

1° L'*épuration physique*, pour enlever les produits facilement condensables ;

2° L'*épuration chimique*, qui débarrasse le gaz d'une partie des produits volatils.

171. Épuration physique.

Cette épuration, commencée dans le barillet, se continue dans un appareil réfrigérant composé d'une série de tubes en U renversés (*fig.* 43) débouchant dans une caisse à compartiments, séparés par des cloisons de telle sorte que le gaz est obligé de traverser toute la série des tubes pour passer d'une extrémité à l'autre de la caisse. Dans ce long parcours, il se refroidit, abandonne la vapeur d'eau et les goudrons échappés au barillet, ainsi qu'une grande partie des sels ammoniacaux. Ces produits tombent dans l'eau de la caisse, et s'écoulent dans une fosse destinée à les recueillir. L'appareil constitue le **jeu d'orgue** ou **condenseur**. L'épuration physique s'achève dans des appareils variables ; c'est par exemple une grande colonne E remplie de coke et séparée en deux compartiments ; le gaz traverse le premier compartiment de haut en bas et le second de bas en haut. Un mince filet d'eau filtre sans cesse à travers les interstices du coke, du haut en bas de la colonne et entraîne les sels ammoniacaux que contenait encore le gaz ; quant aux goudrons, ils se déposent sur le coke.

Remarque. — Dans les grandes usines, on emploie le plus souvent, au lieu de la tour à coke, qui est tout à fait insuffisante, **l'épurateur à chocs de Pelouze et Audouin**. C'est un cylindre dont l'intérieur renferme des plaques de tôle concentriques, percées de trous disposés en chicane (*fig.* 44). Le jet de gaz entre par une série de trous, est projeté sur la plaque de tôle qui est en regard, s'y étale et y abandonne, par le choc, les gouttelettes de goudron qu'il tenait en suspension. Ces gouttelettes liquides s'écoulent peu à peu à la partie inférieure du cylindre.

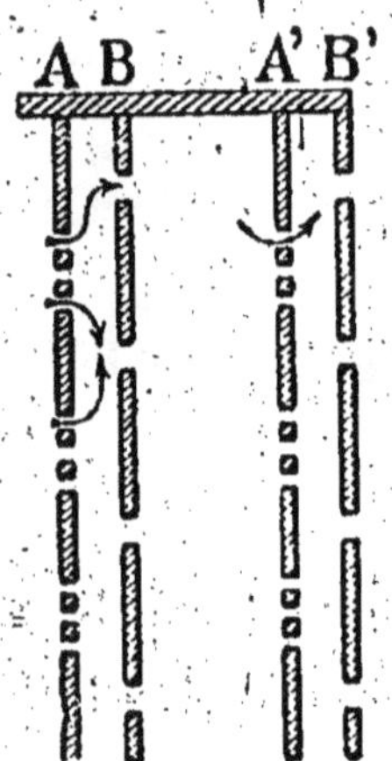

Fig. 44. — Coupe schématique de l'épurateur à chocs de Pelouze et Audouin.

Dans la tour à coke, comme dans l'épurateur à chocs, le goudron est séparé du gaz par une action mécanique (frottement ou choc).

172. Épuration chimique.

Au sortir des appareils d'épuration physique, le gaz passe dans de grandes caisses **F**, contenant des claies superposées recouvertes d'un mélange fait en général d'*oxyde ferrique*, de *sulfate de calcium* et de *sciure de bois*. Ce mélange a été obtenu en décomposant, par de la chaux éteinte, une dissolution concentrée de sulfate ferreux, et en exposant le tout à l'air ; la chaux a déplacé l'oxyde ferreux du sulfate en donnant du sulfate de calcium, et l'oxyde ferreux, à l'air, s'est transformé en oxyde ferrique. Il y a toujours de la chaux en excès, de sorte que le mélange en renferme toujours un peu. La sciure de bois a été ajoutée ensuite pour diviser le mélange et favoriser ainsi l'épuration du gaz. L'oxyde ferrique intervient dans l'épuration chimique en se combinant à l'acide sulfhydrique et à l'acide cyanhydrique ; la chaux sert à retenir le gaz carbonique.

Lorsque le mélange cesse d'agir, on l'expose à l'air et il redevient capable d'épurer le gaz. Il finit cependant par s'épuiser ; on s'en aperçoit quand il a pris une coloration bleuâtre intense due à la formation du bleu de Prusse par la combinaison d'une grande partie de l'oxyde de fer avec l'*acide cyanhydrique*. Ce mélange sert parfois comme engrais (crude d'ammoniaque); mais le plus souvent on en extrait le bleu de Prusse, employé en teinture et dans la fabrication du cyanure de potassium utilisé lui-même dans la dorure et l'argenture, et dans la métallurgie de l'or (§ 110).

A sa sortie des caisses d'épuration, le gaz passe dans le gazomètre, G, grande cloche de tôle retournée sur l'eau, et maintenue par des contrepoids. A mesure qu'il arrive, il s'accumule au-dessus de l'eau, et passe dans les tuyaux de distribution H, puis dans les diverses canalisations qui l'amènent aux endroits où il est consommé.

173. Composition du gaz épuré.

La composition du gaz d'éclairage varie beaucoup avec la nature de la houille employée, la durée de la distillation, l'épuration qu'il a subie. Un gaz de bonne qualité, convenablement épuré, renferme en moyenne 45 0/0 d'*hydrogène*, 40 0/0 de *méthane*, 5 0/0 d'hydrocarbures tels que l'*éthylène*, la *benzine*, l'*acétylène*, 6 0/0 d'*oxyde de carbone*, un peu d'acide carbonique, d'azote, d'hydrogène sulfuré. Ce dernier laissé avec intention pour que son odeur puisse avertir des fuites de gaz, toujours très dangereuses.

174. Propriétés du gaz d'éclairage. — Usages.

Ce gaz, d'une odeur caractéristique, brûle en dégageant une grande quantité de chaleur, due surtout à la combustion de l'hydrogène et au méthane qu'il renferme; sa flamme est très éclairante, à cause de la présence de benzine, d'éthylène, d'acétylène, etc.

Ces deux propriétés le font employer pour le *chauffage* domestique et industriel, et pour l'*éclairage*. C'est un combustible d'un usage très commode et qui chauffe très vite. Pour l'éclairage on utilise divers appareils : becs papillon, becs circulaires à double courant d'air, etc. Mais la flamme du gaz a l'inconvénient de beaucoup échauffer l'atmosphère et de dégager de nombreux produits qui vicient l'air, aussi l'emploi du gaz nécessite une bonne ventilation des appartements. L'invention des becs à incandescence (becs Auer) (*fig.* 45) a grandement amélioré l'éclairage au gaz en produisant à la fois une lumière plus intense et une combustion plus complète.

Fig. 45. — Bec Auer.

Le plus grand inconvénient du gaz d'éclairage, c'est sa *toxicité* due surtout à l'oxyde de carbone qu'il contient. Aussi les fuites de gaz sont-elles extrêmement dangereuses. Elles le sont doublement par les empoisonnements qu'elles peuvent produire et par les explosions auxquelles elles peuvent donner lieu, le gaz d'éclairage formant avec l'air un mélange détonant. Toutes les fois qu'on soupçonne une fuite de gaz dans une salle, il faut se garder d'y pénétrer avec une lumière. On doit immédiatement arrêter l'arrivée du gaz en fermant le compteur, puis ouvrir largement les portes et les fenêtres pour chasser le gaz de l'appartement.

La force expansive du mélange de gaz d'éclairage et d'air a reçu une application dans les moteurs à gaz où elle sert de force motrice.

175. Résidus de la distillation de la houille.

1° *Coke et charbon des cornues.* — Tous les produits fournis par la distillation de la houille sont utilisés. Nous savons qu'il reste dans les cornues du coke et sur les parois du charbon des cornues. Une partie du coke sert à chauffer les cornues, soit directement, soit après avoir été transformée en oxyde de carbone dans les gazogènes; l'autre partie est vendue comme combustible. Le charbon des cornues sert à faire des charbons de piles, des creusets, etc.

L'épuration fournit, en dehors du bleu de Prusse, des **eaux ammoniacales** et des **goudrons**, qui se séparent d'eux-mêmes, grâce à leur différence de densité, les eaux ammoniacales restant à la partie supérieure.

2° *Eaux ammoniacales.* — Ces eaux ammoniacales sont constituées par des sels d'ammonium en dissolution dans l'eau : carbonate, sulfure, etc. Chauffées avec de la chaux, elles dégagent du gaz ammoniac avec lequel on fabrique soit la dissolution ammoniacale, soit le plus souvent du *sulfate* ou du *chlorure* d'ammonium en faisant arriver le gaz dans un bain d'acide sulfurique ou d'acide chlorhydrique. Ces opérations se font à l'usine à gaz elle-même.

3° *Goudrons.* — Les goudrons sont des liquides visqueux, de composition extrêmement complexe, noirs, d'une odeur forte, insolubles dans l'eau. Par distillation fractionnée, on en retire un grand nombre de produits très importants par leurs usages.

170. Distillation.

On chauffe les goudrons dans une chaudière communiquant avec un serpentin refroidi, où se condensent les produits volatils (*fig.* 46). On recueille ces derniers en trois

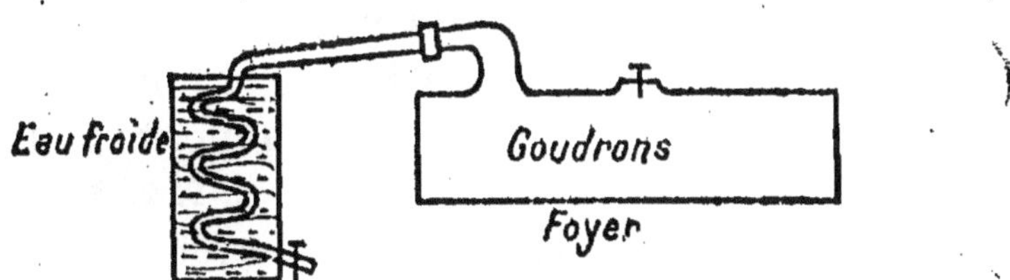

Fig. 46. — Distillation des goudrons de houille.

portions fractionnées : la première, formée des produits qui passent depuis le commencement de la distillation jusqu'à 150°, constitue les **huiles légères** ; ensuite de 150 à 200°, passent les **huiles moyennes** ; enfin de 200 à 400°, passent les **huiles lourdes**. On arrête alors la distillation ; il reste dans la chaudière un liquide épais, qui se solidifie par refroidissement ; il constitue le brai.

Les huiles légères, les huiles moyennes et les huiles lourdes, subissent à leur tour une distillation fractionnée.

1° *Huiles légères.* — Les huiles légères renferment un grand nombre de produits parmi lesquels se trouvent la benzine, le toluène, qui sont deux carbures d'hydrogène. Elles renferment aussi un peu de phénol. Après les avoir agitées avec de l'acide sulfurique, pour extraire les alcalis qu'elles renferment (ammoniaque), puis avec de la soude pour enlever le phénol, on opère la distillation fractionnée : on peut ainsi recueillir séparément la benzine et le toluène, qui bouillent à des températures différentes.

2° *Huiles moyennes.* — Des huiles moyennes, on retire surtout du phénol. Elles renferment aussi de l'aniline, un peu de naphtaline et d'autres carbures complexes.

3° *Huiles lourdes.* — Les huiles lourdes forment environ le quart de la quantité totale des goudrons. On en retire la naphtaline et l'anthracène.

4° *Brais.* — Le brai est le résidu de la distillation des goudrons (60 à 65 0/0 du poids total).

Sa consistance varie suivant qu'on a poussé plus ou moins loin l'opération. Lorsqu'on arrête la distillation vers 300°, il reste du *brai gras*, solide à la température ordinaire, qui se ramollit lorsqu'on le chauffe. Si la distillation a été poussée plus loin, on obtient du *brai sec*, plus dur que le précédent. Les brais sont employés dans la préparation de l'asphalte artificiel, et dans celle des *agglomérés*. On donne le nom d'*agglomérés* à un mélange de brai et de poussier de charbon qui, sous forme de briquettes, est employé pour le chauffage des locomotives.

Autres usages des goudrons. — Les goudrons sont également employés pour préserver le fer, la fonte et le bois de l'humidité ; agglomérés, le charbon de Paris ; pour imperméabiliser les cartons bitumés pour toitures, etc.

177. Expériences. — *Gaz d'éclairage.* — On peut montrer, par l'expérience suivante, que la distillation de la houille dégage des gaz combustibles : on emplit de houille concassée le fourneau d'une pipe en terre cuite. Puis on ferme l'ouverture au moyen d'un mastic obtenu en mélangeant parties égales de kaolin et d'amiante pulvérisée, et en mouillant le mélange avec une dissolution de silicate de sodium (il faut en mettre peu, pour que la pâte soit ferme). Si le mastic adhère mal à la pipe, on l'y maintient par quelques gouttes de silicate de sodium. Puis on chauffe la pipe dans un fourneau à charbon de bois, par exemple ; il se dégage bientôt, par le tuyau, des gaz combustibles qu'on peut enflammer.

CHAPITRE XXII

BENZINE, ANILINE

PLAN

I. — Benzine

I Propriétés physiques	Liquide d'une odeur agréable. Bout à 80°. Dissout la cire, les corps gras, etc.
II Propriétés chimiques	1° *Brûle* avec une flamme fuligineuse. 2° Avec *chlore* { produits d'addition peu stables. / produits de substitution stables. 3° Avec *acide azotique*, produits de substitution : *nitrobenzine*
III Usages	Fabrication de la nitrobenzine et par suite de l'*aniline* (matières colorantes). Dégraissage. — Vernis.

II. — Aniline

Formule : $AzH^2—C^6H^5$.

I Préparation	On réduit la nitrobenzine par un corps hydrogénant.
II Propriétés	Liquide huileux. Odeur désagréable. Saveur brûlante. Donne des sels avec les acides. Peut être oxydée et donner diverses matières colorantes.
III Usages	Base de toutes les *couleurs d'aniline*, très nombreuses, utilisées en teinture.

BENZINE

Formule : C^6H^6. — Poids moléculaire : 78

178. Nous avons vu que la benzine s'extrait des goudrons de houille provenant des usines à gaz (§ 176). On la retire aussi de goudrons que l'on fabrique spécialement pour cet usage en distillant la houille à basse température, ce qui permet d'en recueillir le maximum.

179. Propriétés physiques.

La *benzine*, ou *benzène*, est un liquide incolore, d'une odeur agréable quand elle est pure. Elle bout à 80° et se solidifie à 0°, en cristaux qui ne fondent ensuite qu'à 6°. Elle est insoluble dans l'eau, soluble dans l'alcool et dans l'éther. Elle dissout le soufre, le phosphore, le caoutchouc, la cire, les corps gras; cette dernière propriété la fait employer comme dégraissant.

180. Propriétés chimiques.

La benzine est inflammable et brûle avec une flamme brillante, mais fuligineuse, en dégageant du gaz carbonique et de la vapeur d'eau (le gaz d'éclairage lui doit en partie son pouvoir éclairant).

Action du chlore. — Si l'on verse quelques gouttes de benzine dans un flacon plein de chlore et qu'on expose le tout aux rayons du soleil, on obtient un corps cristallisé de formule $C^6H^6Cl^6$ (produit d'addition peu stable). Si l'on fait passer un courant de chlore dans de la benzine contenant en dissolution un peu d'iode, il se forme divers produits de substitution : C^6H^5Cl; $C^6H^4Cl^2$, etc.

Mais l'action la plus importante à considérer est celle de l'acide azotique.

Action de l'acide azotique. — Versons goutte à goutte de la benzine dans de l'acide azotique fumant et refroidi. Si l'on étend d'eau le mélange, on voit se déposer un liquide huileux, plus dense que l'eau et insoluble, qu'on sépare par décantation; ce corps est la nitrobenzine, de formule $C^6H^5AzO^2$:

$$C^6H^6 + AzO^3H = C^6H^5.AzO^2 + H^2O.$$

Un atome d'hydrogène a donc été remplacé par le radical AzO^2, et il y a eu élimination d'eau.

Il existe d'autres composés nitrés de la benzine, qui

résultent de la substitution de 2 ou 3 fois AzO^2 à 2 ou 3 atomes d'hydrogène.

181. Usages.

La benzine est employée comme dissolvant, pour dégraisser les étoffes et préparer certains vernis, pour dissoudre le caoutchouc et la gutta-percha et obtenir par évaporation des feuilles très minces de ces corps. Mais son principal usage est la préparation de la nitrobenzine, corps très important parce qu'il sert à fabriquer l'aniline, base d'un grand nombre de matières colorantes.

182. Nitrobenzine.

La nitrobenzine s'obtient en versant peu à peu 1 partie de benzine dans un mélange refroidi de 2 parties d'acide azotique pour une d'acide sulfurique ; le produit est ensuite versé dans l'eau froide, et la nitrobenzine obtenue est lavée à plusieurs reprises. C'est un liquide huileux, jaunâtre, d'une odeur d'amandes amères qui le fait employer dans la parfumerie grossière pour remplacer l'essence d'amandes amères (aldéhyde benzoïque); on l'appelle alors *essence de mirbane*.

183. Aniline.

La presque totalité de la nitrobenzine est transformée en aniline. Il suffit pour cela de la réduire par un corps hydrogénant :

$$\underset{\text{nitrobenzine}}{C^6H^5{-}AzO^2} + \underset{\text{hydrogène}}{6H} = \underset{\text{aniline}}{C^6H^5{-}AzH^2} + \underset{\text{eau}}{2H^2O}.$$

Dans de grandes chaudières de fonte chauffées à la vapeur et munies d'un agitateur mécanique, on introduit un mélange de nitrobenzine, de tournure de fonte et d'acide chlorhydrique étendu. L'acide chlorhydrique attaque la fonte et donne de l'hydrogène qui transforme la nitrobenzine en aniline. Une partie de l'aniline formée se combine à l'acide chlorhydrique en excès; on décompose par la chaux le chlorhydrate formé. Par décantation, on sépare l'aniline qui surnage et on distille dans le vide.

184. Propriétés et usages.

L'aniline est un liquide huileux, incolore, qui brunit à l'air en s'oxydant. Elle a une odeur désagréable, une saveur brûlante, et elle est très toxique : ses vapeurs sont particulièrement dangereuses. Elle est peu soluble dans l'eau, soluble dans l'alcool et l'éther.

Elle se combine avec les acides en donnant des sels; ces derniers sont cristallisés, et ont des propriétés chimiques analogues aux sels ammoniacaux (chlorhydrate d'aniline, sulfate, etc.).

Certains sels métalliques, certains réducteurs, et un grand nombre d'oxydants forment avec l'aniline des matières colorantes d'un grand pouvoir tinctorial et d'une grande variété; aussi sont-elles fort employées en teinture; d'où la grande importance industrielle de l'aniline dont on fabrique chaque année en Europe des centaines de millions de kilogrammes.

185. Expériences. — *Benzine.* — Montrer que la benzine dissout les corps gras : s'en servir pour enlever une tache de graisse.

Faire brûler de la benzine.

Faire sentir de la benzine et de la nitrobenzine.

Préparer de la nitrobenzine en versant *peu à peu*, dans 40 grammes d'acide azotique, 12 grammes de benzine pure, *agiter sans cesse et refroidir par un courant d'eau froide.* Éviter toute élévation de température. Verser dans 300 à 400 grammes d'eau. Décanter la couche inférieure jaune et huileuse de nitrobenzine.

CHAPITRE XXIII

PHÉNOL. — NAPHTALINE

PLAN

I. — Phénol ordinaire ou acide phénique

I Propriétés
- Solide cristallisé.
- Odeur forte. Saveur brûlante.
- Caustique.
- Peu soluble dans l'eau, très soluble dans l'alcool et l'éther.

II Usages
- *Matières colorantes* (acide picrique).
- *Antiseptique* et *désinfectant.*

III. Préparation : S'extrait des huiles moyennes des *goudrons de houille.*

IV Acide picrique
- Préparation : Phénol, acide azotique et acide sulfurique.
- Propriétés
  - Solide jaune cristallisé. Saveur très amère. Peu soluble dans l'eau.
  - Chauffé brusquement, *il détone :* force explosive considérable.
  - C'est un phénol trinitré ; donne des picrates.
- Usages
  - Grand pouvoir *tinctorial:* teint la laine et la soie en jaune.
  - Grand pouvoir *explosif:* mélinite, poudre pour torpilles, etc.
  - Pansement des plaies et des brûlures.

II. — Naphtaline

I Propriétés
- Lamelles transparentes, grasses au toucher. *Odeur forte.*
- Se sublime.
- Brûle avec flamme fuligineuse.
- Actions du chlore, de l'acide azotique, à peu près les mêmes que pour la benzine.

II Usages
- Industrie des matières colorantes.
- Eloignement des insectes (vêtements, herbiers, etc.).

PHÉNOL ORDINAIRE OU ACIDE PHÉNIQUE

Formule : $C^6H^5(OH)$. — Masse moléculaire : 94

180. Propriétés.

Le *phénol ordinaire* ou *acide phénique* est un corps solide, cristallisé en longues aiguilles incolores, fusible à 42°. Il a une odeur caractéristique et une saveur brûlante. Il est très caustique et désorganise rapidement les tissus. Ce corps est peu soluble dans l'eau, mais très soluble dans l'alcool et dans l'éther ; aussi emploie-t-on souvent comme dissolvant un mélange d'eau et d'alcool quand on veut avoir une solution concentrée. Il est combustible et brûle avec une flamme fuligineuse.

Lorsque le phénol renferme un peu d'eau, il est liquide à la température ordinaire et il noircit rapidement à la lumière, car il renferme ordinairement des traces de matières étrangères altérables.

Le phénol se combine avec les bases alcalines pour donner des *sels;* c'est donc un acide, d'où son autre nom d'acide phénique. Avec la potasse, par exemple, il donne le *phénate de potassium* C^6H^5OK; avec la soude, on aurait le *phénate de sodium*. On applique cette propriété acide dans la préparation du phénol.

187. Préparation.

Le phénol se retire des huiles *moyennes* des goudrons de houille. On agite ces huiles avec une dissolution concentrée de soude dans des chaudières munies d'agitateurs et chauffées par un courant de vapeur. Il se forme du phénate de sodium qui se prend en une masse cristalline ; on le dissout dans l'eau et on ajoute de l'acide chlorhydrique qui donne du chlorure de sodium et met en liberté l'acide phénique. On rectifie ensuite le phénol brut obtenu.

188. Usages.

Le phénol est très employé comme *désinfectant* et comme *antiseptique ;* en dissolution étendue, il sert à assainir les hôpitaux, les salles de dissection, les boucheries, les écuries, les cales des navires, à désinfecter les murs des appartements et les objets contaminés, après certaines maladies contagieuses (diphtérie). On l'emploie aussi pour le pansement des plaies, pour les affections de la peau et les brûlures étendues, pour le traitement de quelques maladies contagieuses. Mais il ne faut pas oublier qu'il est très vénéneux et que des cas de mort ont déjà été observés à la suite de pansements phéniqués. Aussi est-il prudent de ne pas employer ce produit sans l'avis du médecin; les dissolutions de phénol utilisées comme antiseptique sont en général à la dose de 1 à 2 pour cent.

Mais la plus grande partie du phénol sert à la fabrication de diverses matières colorantes, dont la plus importante est l'*acide picrique*.

189. Acide picrique.

Pour préparer industriellement l'acide picrique, on laisse tomber goutte à goutte un mélange à parties égales de phénol et d'acide sulfurique dans de l'acide azotique ordinaire et l'on agite constamment. Il se forme d'abondantes vapeurs rutilantes. Quand leur dégagement cesse, il se dépose par refroidissement, à la partie inférieure de la chaudière, une masse cristalline formée d'*acide picrique impur*. On rectifie cet acide en le transformant en picrate de sodium facile à purifier par cristallisation, qu'on décompose ensuite par l'acide sulfurique. On obtient ainsi un solide jaune citron, cristallisé en lamelles brillantes.

190. Propriétés.

1° L'acide picrique se dissout faiblement dans l'eau en lui communiquant une belle coloration jaune et une saveur très amère;

2° Chauffé lentement, l'acide picrique fond à 122° et peut brûler sans détoner. Chauffé brusquement, *il détone avec violence* et donne naissance à un volume considérable d'azote, d'oxyde de carbone et de vapeur d'eau, d'où il résulte que ce corps a un grand pouvoir explosif. Il peut aussi détoner au contact de certains corps;

3° L'acide picrique est un *phénol trinitré*, de formule $C^6H^2{\equiv}(AzO^2)^3{-}OH$. C'est un corps une fois acide, car, avec les bases telles que la potasse, il donne une seule série de *picrates*. Les picrates sont aussi des explosifs puissants.

101. Usages.

1° L'acide picrique a un grand pouvoir tinctorial : 1 gramme suffit à colorer 1 kilogramme de soie. Il a, d'autre part, l'avantage de se fixer avec une grande facilité sur les fibres textiles d'origine animale. Aussi l'emploie-t-on pour teindre la laine et la soie en jaune ; il suffit de plonger le tissu dans une dissolution d'acide picrique pour que l'étoffe soit teinte.

2° L'acide picrique et les picrates forment la base d'un grand nombre d'explosifs : mélinite, poudres utilisées en pyrotechnie ;

3° L'acide picrique est employé pour cicatriser les plaies et surtout pour panser les brûlures, même les plus graves ; on applique sur la partie malade des compresses d'acide picrique dissous, on les recouvre d'ouate, on renouvelle le pansement tous les 3 ou 4 jours. L'acide picrique calme la douleur, aseptise la brûlure et hâte la cicatrisation.

Enfin l'amertume de l'acide picrique le fait employer parfois frauduleusement à la place du houblon, dans la fabrication de la bière.

NAPHTALINE

Formule : $C^{10}H^8$. — Poids moléculaire : 128

102. La naphtaline se retire des huiles lourdes provenant des goudrons de houille. Purifiée, elle se présente sous forme de lamelles transparentes et incolores, grasses au toucher, d'une odeur goudronneuse. Elle est insoluble dans l'eau, soluble dans l'éther et dans l'alcool. Elle fond à 79° et bout à 218°, mais elle émet des vapeurs à partir de 15° environ, c'est-à-dire qu'elle se sublime. On montre cette sublimation en chauffant légèrement de la naphtaline dans une capsule, et en plaçant au-dessus un cornet de papier; les vapeurs se dégagent et cristallisent au contact du papier froid (*fig.* 47).

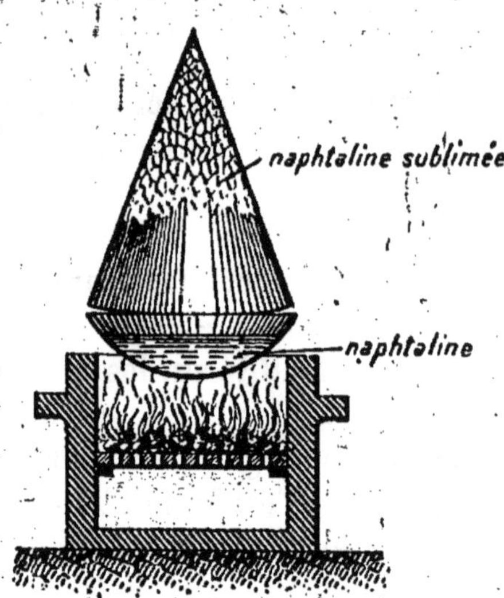

FIG. 47. — Sublimation de la naphtaline.

La naphtaline brûle avec une flamme fuligineuse.

Avec l'acide azotique, elle forme des composés utilisés pour la préparation de matières colorantes. La naphtaline a donc des propriétés voisines de celles de la benzine.

Ce corps est parfois employé, à cause de son odeur forte et persistante, pour éloigner les insectes des lainages, des fourrures, des herbiers, mais il sert surtout dans l'industrie des matières colorantes.

193. Expériences. — *Phénol.* — Montrer du phénol du commerce et de l'acide phénique pur.

Faire une dissolution d'acide picrique. En mettre une goutte sur les lèvres; on sent l'amertume de cette dissolution.

Naphtaline. — Réaliser l'expérience de sublimation. Faire observer que les boules de naphtaline laissées dans un tiroir, dans un bocal, etc., diminuent progressivement de volume en se creusant : c'est parce que la naphtaline se sublime, on voit en effet des cristaux sur les parois supérieures des bocaux qui la renferment.

CHAPITRE XXIV

PRINCIPES EXTRAITS DES VÉGÉTAUX

ESSENCE DE TÉRÉBENTHINE, CAOUTCHOUC, GUTTA-PERCHA

PLAN

I. — Essence de térébenthine

I Extraction	Incisions dans les troncs de conifères : pin, sapin, mélèze. Séparation de l'essence de térébenthine et de la colophane par distillation.
II Propriétés	Liquide mobile. Saveur âcre et brûlante. Odeur forte. *Dissout graisses, résines.* *Brûle* avec flamme fuligineuse. *S'épaissit à l'air* par oxydation.
III Usages	*Vernis, encaustique.* Peut enlever les taches de peinture. En médecine, sert contre les névralgies et les rhumatismes (frictions).

II. — Caoutchouc, Gutta-percha

I Caoutchouc	Extraction d'arbres du Brésil, des Indes, etc. Corps **élastique** (vulcanisation du caoutchouc) ; *plastique* à 100°. **Imperméable** à l'eau. Usages nombreux : tubes, objets divers, tissus imperméables, bandages des roues, etc.
II Gutta-percha	Extraction d'arbres de Chine. Se ramollit par la chaleur. Mauvaise conductrice de l'électricité. Usages : Fabrication d'objets divers. Moules pour galvanoplastie. Isolant pour fils électriques.

ESSENCE DE TÉRÉBENTHINE

104. Extraction.

Lorsqu'on fait des incisions au tronc de certains arbres (pin, sapin, mélèze, etc.), il s'en écoule une matière gluante qui durcit rapidement à l'air ; on l'appelle *térébenthine* ou *gemme;* c'est un mélange d'un liquide, l'*essence de térébenthine*, et d'une résine, la *colophane*. Si on distille la térébenthine avec de l'eau, la vapeur d'eau entraîne l'essence, et la colophane reste dans la chaudière. On recueille le mélange d'essence et d'eau et on le rectifie sur du chlorure de calcium.

195. Propriétés.

L'essence de térébenthine est un liquide incolore, très mobile, d'une saveur âcre et brûlante, d'une odeur caractéristique, sa densité est 0,864. Elle est insoluble dans l'eau, très soluble dans l'alcool et dans l'éther. Elle dissout les graisses, les résines, le caoutchouc, prend feu au contact d'un corps enflammé et brûle avec une flamme très fuligineuse. Abandonnée à l'air, elle jaunit, s'épaissit par oxydation, et se transforme à la longue en une résine solide; c'est là sa propriété essentielle qui la fait entrer dans la préparation des vernis.

L'essence de térébenthine est un carbure d'hydrogène que l'on range avec les essences végétales dans une même série : la *série térébénique*.

196. Usages.

L'essence de térébenthine est surtout employée à la préparation des vernis, obtenus en dissolvant dans ce corps diverses résines (copal, laque, colophane, gomme-gutte, etc.). L'encaustique pour parquets se prépare en dissolvant de la cire dans l'essence de térébenthine (§ 201). On emploie aussi l'essence dans la peinture en bâtiments (peinture au blanc de zinc ou à la céruse) et dans la peinture sur porcelaine. Elle sert à enlever les taches de peinture sur les vêtements, et aussi les taches de graisse lorsqu'elle est mélangée à l'essence de citron en parties égales. Enfin on l'emploie en frictions contre les névralgies et les douleurs rhumatismales, et elle est le contrepoison du phosphore.

CAOUTCHOUC. — GUTTA-PERCHA

Le caoutchouc et la gutta-percha se rapprochent des résines par leur origine.

197. Caoutchouc. — Extraction.

Le caoutchouc est un carbure d'hydrogène qui existe en suspension dans le suc laiteux d'un certain nombre de végétaux du Brésil, des Indes, de la Guyane, de Java, etc. (exemple : *Ficus elastica* des Indes).

Lorsqu'on fait des incisions dans ces arbres, le suc s'écoule, et on le recueille dans des baquets. Puis on y trempe, soit des poires en argile, soit des pelles de bois ; le suc y adhère, on le fait sécher à la flamme d'un feu de bois vert, puis on recommence l'opération jusqu'à ce qu'on ait une couche assez épaisse de caoutchouc. On la sépare alors de la lame de bois, ou on la plonge dans l'eau pour la débarrasser de l'argile et on a le caoutchouc brut. A son arrivée en Europe, le caoutchouc brut, par un pétrissage mécanique sous un filet d'eau chaude, est débarrassé des impuretés auxquelles il était mélangé.

198. Propriétés.

Le caoutchouc est un corps solide, d'un blanc grisâtre quand il est pur, et qui se colore en brun sous l'action prolongée de la lumière.

Il est élastique entre 10° et 35° ; à de plus basses températures, il durcit, et au-dessus de 35°, il devient visqueux. Pour lui conserver son élasticité entre des limites de température plus éloignées, on le combine à une petite proportion de soufre (1 à 2 0/0) ; il suffit pour cela de chauffer vers 130° le mélange des deux corps. On obtient ainsi le *caoutchouc vulcanisé*, qui n'est ni trop mou ni trop cassant; l'opération elle-même porte le nom de vulcanisation.

Chauffé à une température voisine de 100°, le caoutchouc devient très mou, plastique, peut se souder à lui-même et se travailler, d'où son emploi pour la confection d'objets de formes variées.

Le caoutchouc est insoluble dans l'eau, soluble dans le sulfure de carbone et dans la benzine, imperméable à l'eau.

199. Usages.

Les usages du caoutchouc sont nombreux; on applique surtout ses propriétés d'élasticité, de plasticité et d'imperméabilité. On en fait des tubes, des fils, des courroies, des bouchons, des tissus imperméables, des appareils de chirurgie, des jouets d'enfants et un grand nombre d'autres objets. Il a surtout acquis une grande importance depuis les progrès de l'automobilisme (bandages des roues).

Quand on augmente dans la vulcanisation la proportion de soufre, on obtient un corps solide, noir, dur comme de l'ivoire, susceptible d'être travaillé et poli : c'est le *caoutchouc durci* ou *ébonite*, employé en électricité; il sert surtout à la fabrication d'objets tels que manches de couteaux, porte-plume, peignes, cannes, instruments de musique, etc

200. Gutta-percha.

La gutta-percha est le suc laiteux épaissi qui s'écoule de grands arbres de la Chine, les *Inosandra*. C'est une matière analogue au caoutchouc, mais elle a une composition plus complexe et n'est pas élastique.

Dure à la température ordinaire, elle se ramollit par la chaleur, dans l'eau chaude par exemple, et peut alors se pétrir, se façonner, se mouler et aussi se souder à elle-même.

On emploie la gutta-percha pour fabriquer des objets de formes variées : cuvettes, entonnoirs, flacons, courroies, etc. Sa malléabilité la fait employer pour prendre les empreintes d'objets à reproduire par la galvanoplastie ; elle donne des moules d'une grande finesse. Comme elle est mauvaise conductrice de l'électricité, on l'emploie aussi pour isoler les fils électriques (câbles souterrains et sous-marins).

201. Expériences. — Dissoudre de la résine ou de la cire dans l'essence de térébenthine (préparer de l'encaustique pour parquets au moyen de cire fondue dans laquelle on verse l'essence, *loin de toute flamme*. Il faut éviter de faire chauffer l'essence avec la cire, comme le font beaucoup de ménagères, car l'essence est inflammable). Enlever une tache de peinture fraîche sur une étoffe au moyen d'essence de térébenthine.

Montrer différents objets en caoutchouc ou dans lesquels entre du caoutchouc : fils élastiques, rubans élastiques, fragment de chambre à air, porte-plume en ébonite, etc.

Montrer de la dissolution de caoutchouc (tubes pour les réparations des pneumatiques).

Ramollir de la gutta-percha dans l'eau chaude et mouler un objet tel qu'une médaille. Avoir soin, au préalable, de frotter l'objet avec un peu de savon pour faciliter le démoulage.

TABLE ALPHABÉTIQUE

TABLE DES MATIÈRES

TOURS. — IMP. DESLIS FRÈRES ET Cie, 6, RUE GAMBETTA.

www.ingramcontent.com/pod-product-compliance
Lightning Source LLC
Chambersburg PA
CBHW060604210326
41519CB00014B/3564

* 9 7 8 2 0 1 9 6 2 0 3 5 6 *